마음의 건축

도시건축의 심리적 이해를 위하여

권태호 지음

교우미디어

나의 어머니 배경임을 추모하며

In memory of KyungIm BAE

책을 펴내며

욕구, 활동, 공간 그리고 행복

'짓는 행위'는 인간의 역사나 다름없다. 동굴과 수혈주거에서 시작된 집짓기는 그리스, 로마의 신전과 공공건물, 중세 교회, 근대 주택과 사무실, 오늘날 초고층 빌딩에 이르기까지 인간과 함께해 왔다. 성(사원, 교회)과 속(시장, 광장)의 구분, 권력과 위계(궁궐, 청사)의 상징, 휴식과 사랑(집, 호텔)의 장소, 여가와 놀이(쇼핑시설과 공원)의 무대 등 건축의 페르소나(persona)는 너무도 다양하지만, 짓는 행위의 밑바닥에는 언제나 생존과 번식을 향한 인간의 욕구가 존재한다.

인간은 태어나서 죽는 순간까지 구체적 공간에서 생각하고 행동한다. 인간의 삶은 원천적으로 공간을 전제로 한다. 인간 행동의 원천은 '무엇을 얻거나 무슨 일을 하려는 마음'이다. 어떤 것이 필요하다거나, 무엇인가 하고 싶은 마음, 즉 욕구가 없다면 동기부여도 어렵고 행동도 하지 않게 된다. 공간은 활동을 담아내는 그릇이자 무대(setting)이다. 삶의 목적이 행복 추구에 있다고 본 아리스토텔레스(Aristotle, BC384~BC322)는 마음과 영혼을 움직이는 활동을 통해 행복으로 다가설 수 있다고 보았다. 욕구에서 비롯된 활동이 공간에서 '바람직하게' 펼쳐질 때 삶의 질이 높아지고 행복감도 커진다.

인간 생활의 90% 이상은 건조환경(built-environment)에서 이루어지며, 공원이나 숲 등 자연환경을 접하는 것은 10% 정도에 불과하다. 또 인구의 90% 이상이 도시에 거주하는 한국인의 삶은 싫든 좋든 도시라는 건조환경에서 펼쳐진다 해도 결코 지나친 말은 아니다. 하지만 방, 거실, 아파트, 사무실, 공원, 광장, 가로 등 다양한 도시환경이 감정, 생각, 행동, 웰빙에 미치는 영향에 대한 우리의 인식과 이해는 의외로 부족하다. 마음과 욕구를 반영하는 환경은 긴장감과 스트레스를 줄일 수 있지만 그렇지 못한 환경은 심리적 부담과 걱정을 키운다. 사용자의 마음은 외면하면서 기능과 효율, 비용과 경제만 쫓아가는 건축과 도시가 우리의 마음에 병을 심을 수도 있음을 직시해야 한다.

마음을 담는 건축을 위하여

하나의 건축물도 여러 관점에서 바라볼 수 있다. 로마시대 건축술을 종합적으로 정리한 비트루비우스(Vitruvius Polio, c.BC90~c.BC20)가 『건축 십서(De architectura)』에서 아름다움(venustas), 견고함(firmitas) 그리고 편리함(utilitas)을 건축의 3대 요건으로 정리한 것만 보아도 이를 짐작할 수 있다. 또 건축의 입문단계에서 만나게 되는 학제성(interdisciplinarity), 종합성(multidisciplinarity) 개념 역시 건축이 지닌 넓은 스펙트럼을 함축한다.

이 책은 도시의 건조환경을 마음과 욕구라는 렌즈를 통해 바라보려는 기초적 시도이다. 독자에게는 심리학의 기초 이론과 개념을 건축과 도시에 접목하는 자그마한 노력으로 이해되기를 기대한다. 이 책은 크게 세 부분으로 나뉜다. 1부는 개괄적 내용으로, 심리학의 기원(1장)에서 출발하여, 이용자의 마음을 외면한 근대 건축(2장), 인간 욕구와 공간 환경(3장), 원시본능에 내재한 인간 욕구(4장) 그리고 건축에서의 소통문제(5장)를 설명한다. 2부는 용도별 건축을 다루고 있는데, 주거의 의미와 욕구(6장), 직장인의 사무실 심리와 업무환경(7장), 배우고 싶은 학습 공간(8장), 주의-회복 이론과 치유의 공간(9장), 기업의 공간 전략으로서 백화점(10장)을 포함한다. 3부는 재난과 도시 차원의 내용으로, 일상화하는 재난에 대응하는 건축(11장), 도시의 길 찾기와 광장의 심리(12장) 그리고 건강하고 안전한 도시를 만드는 방법(13장)을 다룬다. 책의 기획과 자료 준비, 그리고 초고 작성과 수정에 2년 이상의 시간을 보냈지만, 구성과 내용 면에서 여전히 만족스럽지 못한 부분이 여기저기 보인다. 나의 지식이 부족하고 학문적 사유가 깊지 못한 탓이다. 부족한 부분과 오·탈자는 전적으로 나의 책임이며, 계속하여 수정·보완하고자 한다.

코로나 팬데믹은 3년 동안이나 우리를 심리적 공황상태로 몰고 갔다. 재난지역에서 서로 존중하고 돕는 공동체성이 꽃 핀다는 주장도 있지만, 코로나 19는, 적어도 오프라인에서는, 단절과 소외를 심화시켰다. 격리와 사회적 거리 두기로 인한 '외로움'을 메꾸어 준 것은 디지털이었다. 이 책을 준비하는 동안 온라인 강의와 학생지도에 대해 같이 고민하고 도와준 건축학과 교수들과 친구들에게 고마운 마음을 전한다. 팬데믹으로 국경 너머 친구들과의 소통이 더 빈번해진 것은 하나의 아이러니였다. 샤헤드(Shahed A. Khan, 커틴대학교), 비쉬나(Bhishna Bajracharya, 본드대학교), 아와이스(Awais Piracha, 웨스턴시드니대학교), 스미타 (Smiat Mishra, 센트리온대학교), 에가린(Eggarin Anukulyudhathon, 카세살대학교)은 라인(LINE)과 줌(ZOOM)으로 정보를 교환하고 서로 격려하며 어려운 시기를 함께 건너온 동료들이다. 그들의 관심과 격려는 원고 작성에 많은 도움이 되었다.

건조환경의 심리학적 영향에 대한 나의 호기심은 1980년대 후반 석사과정 시절, 조대성 교수님의 강의에서 시작되었다. 교수님은 항상 이용자와 시민성, 다양성과 선택을 '좋은 설계'의 핵심 요건으로 강조하셨고, 이는 나의 공부에 있어서 언제나 중요한 관점이 되었다. 교수님의 가르침에 깊이 감사드린다. 나의 박사과정 지도교수인 누룰 아민(A.T.M. Nurul Amin)은 도시 공간과 장소가 지닌 사회·경제적 가치의 중요성을 일깨워 주셨다. 늘 감사한 마음이다.

지식의 부족과 게으름에서 오는 부끄러움에도 불구하고, 하나의 작업을 마쳤다는 다소의 안도감도 있다. 이 조그만 성취감은 저자 혼자 만든 것이 아니다. 초고를 꼼꼼히 읽고 아이디어와 조언을 준 아내와 그동안 힘이 된 가족들에게 고마운 마음이 크다. 1장부터 4장까지 초고를 '비판적으로' 읽고 메모해 준 딸 현교에게도 고마운 마음을 전한다. 베이비붐 세대 아버지와 밀레니얼 세대 딸이 바라보는 현상과 인식은 서로 다를 수밖에 없지만, 이 세대 간 차이는 토론과 논쟁을 통해 종국에는 더 깊은 신뢰와 사랑으로 용해될 것으로 믿는다.

종이책이 인기가 없는 디지털 시대에 특별히 흥미롭지도 못한 주제의 원고를 선뜻 받아준 교우미디어에 감사드린다. 특히, 1년 이상 원고를 기다려준 남궁양 부장과 2개월 이상을 편집과 출간작업에 애써 준 이소정 과장에게 고마운 마음을 전한다.

저자 권태호

차 례

2부

6장

7장

8장

1부

1장

심리학, 그 흥미로운 역사

"인간의 마음속에 그의 운명이 있다."

헤로도토스[1]

01 영혼 불멸의 소망이 낳은 심리학

인간은 누구나 죽기 마련이다. 누구도 죽음을 피할 수 없다는 사실은 공포가 되어 인간을 끊임없이 괴롭힌다. 먼 옛날 사람들은 죽음에 대한 두려움과 불안을 달래기 위해 영혼(신)을 상정하였다. 산과 숲, 강과 바위에도 혼이 깃들어 있다고 믿었고, '육체가 멈춘 후에도 몸에서 빠져나간 혼은 결코 소멸되지 않는다'는 생각이 널리 퍼졌을 것이다. 이 영혼 불멸의 믿음이 이어져 종교를 낳았을 것이다.

몸과 마음의 관점에서 인간 행동을 이해하려 한 사람은 기원전 400년경 데모크리투스(Democritus, BC460년경~380년경)가 처음이었다. 플라톤(Plato, BC424년경~BC344년경)은 영혼을 삶과 죽음에 관계하지 않는 본질로 생각하면서, 죽음이 찾아오면 혼은 육체를 떠나 영원히 사라지지 않는 지하세계인 하데스(Hades)로 돌아가 불멸의 삶을 산다고 생각했다. 영혼에 대한 인간의 끈질긴 관심은 마음에 대한 성찰로 이어졌고, 이것이 심리학이 태동하는 동기가 되었다.

출처: wikipedia.org

▲ 데모크리투스(왼쪽), 플라톤(오른쪽)

그리스어의 영혼, 정신 또는 삶을 뜻하는 프시케(psyche)와 탐구, 설명을 뜻하는 로고스(logos)가 합쳐져 영어의 psychology가 된 것을 보면 이를 짐작할 수 있다. 그래서 초기에는 심리학을 '영혼의 탐구'라 불렀을 것이다. 국어사전은 심리학을 '생물체의 의식 작용 및 현상에 관한 정신생활의 특질을 연구하는 학문'으로 정의한다. 심리학은 인간의 심리와 행동[2]을 과학적으로 연구하는 분야라 할 수 있다.

02 플랫폼 학문으로서 심리학

심리학은 문과적 속성과 이과적 속성을 함께 지닌다. 세부 분야도 인문학, 자연과학, 사회과학, 공학, 예술에 걸쳐 광범위하다. 한국심리학회가 제시하는 15개 세부 분야[3]만 보아도 플랫폼 학문으로서 심리학의 위상을 잘 알 수 있다. 심리를 통해 건축과 도시를 포함한 다양한 학문 분야에 접근할 수 있는 것은 심리학이 '인간은 무엇인가'라는 물음에 답하려는 지적 노력이기에 그렇다.

19세기 후반부터 정신과학의 한 분야로 인정받기 시작한 심리학은 구성주의, 기능주의, 형태주의, 행동주의 등 여러 분과학문으로 나누어지면서 발전해왔다. 1950년대에는 미국의 신행동주의 흐름이 심리학을 주도하였다. 1968년에는 미국에서 디자인 전문가, 사회과학자, 교육자, 시설관리자 등이 모여 EDRA(Environmental Design Research Association)[4]라는 환경설계 연구모임을 조직하였고, 1970년대에는 환경과 행태 간 상호작용을 탐구하는 건축심리학[5]과 환경심리학[6]분야가 주목받기 시작하였다. 이후 건축과 디자인 분야에서 심리적 접근은 한동안 침체기를 겪었으나, 2004년 샌디에이고의 신경과학자들과 건축가들을 중심으로 신경건축학회(Academy of Neuroscience for Architecture)가 발족하면서 건축물과 공간이 인간의 행동과 사고에 미치는 영향을 탐색하고 이해하려는 신경건축학(Neuro-architecture) 분야가 새롭게 관심을 받고 있다.

신경건축학은 1970년대 이후 환경심리학이 연구해온 범위를 확장하여 생물학적 토대 위에서 인간의 마음을 총체적으로 이해하려는 노력이다.[7] 신경건축학은 시선모니터링, 뇌파측정, 위치추적 장치 등을 사용하여 공간, 색채, 조명, 음향 등이 인간의 뇌에 미치는 영향을 탐구한다. 예를 들어, 병실 창밖으로 자연의 모습(natural setting)을 늘 접하는 환자가 그렇지 않은 환자보다 회복이 빨랐음을 확인한 로저 울리히(Roger Ulrich)의 경험적 연구[8]가 이 분야의 대표적 성과로 알려져 있다.

03 마음의 렌즈로 건축을 바라보는 이유

최근 우리나라에서도 뇌 과학자, 심리학자, 건축가들을 중심으로 신경건축학에 대한 관심이 싹트고 있다. 10명 중 9명이 도시환경에서 살아가는 한국인의 일생은 곧 도시의 삶이라 할 수 있다. 도시, 특히 대도시의 일상은 매우 복합적이며 혼잡하여 늘 긴장과 집중을 요구한다. 길과 가로, 사무실과 상점은 여유와 휴식의 장소가 아니라 살피고 적응하고 사용하는 기능의 공간일 뿐이다.

최근에는 정보통신(ICT), 빅 데이터 그리고 인공지능(AI) 기술을 도시에 적용하여 교통, 환경, 에너지, 복지, 안전 문제를 해결하고자 하는 연구와 실험이 활발히 진행되고 있다. 하지만 이러한 지능형 도시는 어쩌면 시민의 삶을 더욱더 기술예속으로 몰고 가는 비인간적 결과를 낳을지도 모를 일이다. 스마트 도시 구축이 시민의 마음과 도시공동체에 미칠 수 있는 부정적 영향을 세밀히 살펴야 할 것이다.

도시는 (농촌보다) 더 나은 일자리와 교육시설 그리고 다양한 문화·여가 공간을 제공한다. 하지만 물질적 조건이 충족된다 해서 반드시 마음도 편안하고 만족스러운 상태가 되는 것은 아니다. 사람들은 복잡다기한 도시 생활에서 오는 심리적 부담과 스트레스를 줄이기 위해 다양한 노력을 기울인다. '힐링(healing)'이란 영어가 유행어가 된 것만 보아도 이런 추세를 잘 알 수 있다. 일상생활에 미치는 심리의 영향에 대한 일반인의 관심도 커지고 있다. 심리상담소가 도시 여기저기서 문을 열고, TV에서는 상담프로그램과 범죄과학수사대(CSI)의 활약을 다룬 범죄심리 드라마가 인기를 끈다.

▲ 서울의 한 쇼핑시설에 문을 연 심리상담소

▲ 범죄심리를 다룬 드라마

건축회사 역시 신경건축학 연구결과를 활용할 수 있다. 아파트 견본주택을 방문한 고객의 목에 신경패치를 붙이고 행복 호르몬인 세로토닌 분비량을 측정하여 보여줌으로써 분양사업을 성공시킬 수도 있을 것이다.

심리학에 관심을 두게 되면 일상생활에도 도움이 된다. 무엇보다 인간에 대한 이해의 폭이 넓어진다. 상대방의 마음과 입장을 더 잘 이해할 수 있어서 소통과 공감 능력이 좋아질 수도 있다.[9] 비판적 사고를 견지하면서도 자신의 삶을 돌아보게 되는 것 역시 심리학이 주는 효과다. 심리학적 사고는 긍정적으로 생각하고 따뜻한 시선으로 세상을 바라봄으로써 코로나 팬데믹 같은 재난 시기에 자신을 안전하게 보호하는 데도 도움을 준다.

마음의 눈으로 건축과 도시를 이해하는 일이 중요한 근본적 이유는 건물과 가로, 공원과 광장을 비롯한 우리를 둘러싸고 있는 환경이 우리의 기분이나 감정, 사고와 행동에 영향을 주기 때문이다. 건축을 '삶을 담는 그릇'이라 말하는 이유도 이와 무관치 않을 것이다. 매일같이 다양한 건물과 시설이 세워지는 것은 개인이든 집단이든 욕구와 필요를 느끼고 '짓고자 하는 마음의 결정'을 하기 때문일 것이다. 그러므로 '우리의 마음과 욕구를 잘 반영하면서 건강하고 쾌적한 생활과 행복한 삶을 안내하는 장소와 공간을 어떻게 만들어 갈 것인가'가 중요한 이슈가 된다. 마음(욕구)과 공간(환경) 간의 조화로운 관계를 만드는 일은 우리의 삶의 질을 좌우하는 핵심 요건의 한 부분임에 틀림없다.[10]

[미주]

1 헤로도토스는 그리스의 역사가로 그리스 페르시아 전쟁을 생생히 기록하고 탐구한 서양 최초의 역사책, '역사'를 저술하였다.

2 여기서 행동이란 몸의 움직임으로 나타나는 외적인 행동뿐만 아니라 두뇌에서 이루어지는 내적인 행동, 그리고 정상적인 행동과 비정상적인 행동도 포함한다.

3 임상, 상담, 산업 및 조직, 사회 및 성격, 발달, 인지 및 생물, 문화 및 사회문제, 소비자 광고, 건강, 여성, 학교, 법정, 중독, 평가측정 심리학 등이다.

4 https://www.edra.org/

5 칸트는 건축심리학의 주요 내용으로서 지각적 판단, 학습, 발달, 숨겨진 차원, 개인차, 공간이용, 조직 등을 다루고 있다 (Canter, 1974).

6 환경심리학의 주된 탐구내용은 환경지각-인지-태도, 학습과 작업환경, 환경 스트레스, 혼잡, 프라이버시와 영역성, 개인의 공간 등이다 (Holahan, 1982).

7 골드헤이건 지음, 윤제원 옮김(2019: 9~10).

8 Ulrich(1984).

9 상대방을 치유하는 사람은 잘 들어주고, 들은 내용을 함부로 판단

하지 않으며, 상대방을 있는 그대로 받아들이고, 일관성 있게 생각하고 행동하는 경향을 보인다.

10 크리스토퍼 알렉산더는 이를 환경과 행태 간 들어맞음(fit)과 들어맞지 않음(misfit)으로 설명한다 (Alexander, 1964).

2장

욕구와 마음을 외면한 모던 건축

“도시에 더 겹쳐놓을 수 있는 논리는 절대 없다.
사람이 도시를 만드는 것이다. 도시는, 건물을 위한 것이 아니라,
우리가 우리의 계획과 딱 맞추어야 하는 사람을 위한 것이다.”
제인 제이콥스[1]

01 이성과 기술로 무장한 표준화의 모던 건축

18세기 영국에서 시작된 사회·경제적 변화와 기술혁신인 산업혁명이 추동한 새로운 건축은 전시대의 건축과는 확연히 다른 길을 열었다. 이전의 건축이 고딕 성당과 바로크 궁전에서 보듯이 믿음(종교)과 권력(왕권), 형태와 장식 중심이었다면, 산업시대의 모던 건축은 이성(인간)과 부(기업), 기능과 기술의 건축으로 그 모습을 드러내었다. 16세기 종교개혁과 시민계급의 탄생에 이은 산업혁명의 확산은 신이 아닌 ‘인간’이 세상의 중심임을 증명하였다. 이즈음부터 사회를 비추는 거울이라 불리는 건축 역시 이성(Rationality)과 기술(Technology)로 무장한 채 도시의 얼굴을 바꾸어 나갔다.

새 시대는 건축을 예술로만 생각한 장인(Master)의 손을 떠나 기술로 접근하는 엔지니어의 활약을 기다리고 있었다. 1851년

런던 하이드 파크에 지어진 세계최초의 만국박람회장인 수정궁(Crystal Palace)이나, 1889년 파리 만국박람회의 상징물로 시공된 에펠탑(Eiffel Tower)은 20세기 기술건축의 예고편이었다.

출처: wikimedia.commons

▲ 수정궁(왼쪽), 에펠탑(오른쪽)

직선과 정육면체의 순수 기하학적 형태 그 자체가 진실된 것이며 아름답다는 생각은 기계주의 미학으로 발전(?)하였다. 르코르뷔지에(Le Corbusier, 1887~1965)는 사보아 주택(Villa de Savoye, 1931)을 선보임으로써 "주택은 살기위한 기계"라는 혁명적 아이디어를 실현하였다.[2] 사보아 주택설계에 적용된 도미노(Dom-Inno)이론, 모듈러(Modulor) 원리 그리고 근대건축의 5원칙은 모두 '표준화'의 속성을 품고 있었다. 구조체의 표준화, 인체의 표준화 그리고 설계어휘의 표준화 시도가 그것인데, 이 표준화가 바로 산업화시대 대량생산-대량소비를 떠받치는 핵심개념이 되었다. 이후 사보아 주택은 '주택 세계화'의 첨병으로서 국제주의 양식의 모범

사례로 자리매김하게 된다.

건축재료 역시 과거와 결별하였다. 철과 유리 그리고 철근콘크리트가 승강기 기술과 결합하면서 일체의 군더더기 없는 매끈한 철골조 고층오피스 양식이 건축적으로 더 의미 있는 것으로 여기게 되었고[3], 1950~ 60년대에는 기업권력의 상징으로서 세계의 대도시 스카이라인을 지배하는 건축 유형으로 등장하였다.

▲ 시그램 빌딩(왼쪽), 삼일빌딩(오른쪽)

02 상자와 원형감옥으로 던져진 인간

우리가 사용하는 보통의 상품이나 서비스와 달리 건축이라는 상품(commodity)은 반드시 정해진 땅 위에 지어진다. 이 때 주어진 대지와 주변은 일종의 환경무대이며 건축 후에는 인간 활동에 반드시 영향을 미치게 된다. 그러므로 인간의 건축하고자 하는 동기, 즉 공간에 대한 욕구를 만족시키려면 반드시 대지와 주변의 자연적, 인문·사회적 맥락이 설계에 반영되어야 한다. 그럼에도 불구하고 '건축은 살기 위한 기계이므로 세계 어디에서나 건물은 이렇게 저렇게 지어야 한다'는 식의 당위론적 입장에 선 20세기 건축가들은 땅의 장소성과 사회·경제적 맥락에는 별 관심을 두지 않았다. 물론 알바 알토(Alvar Aalto, 1898~1976)나 프랭크 로이드 라이트(Frank Llyod Wright, 1867~1956) 같이 유기적이고 지역주의적 색채를 추구한 거장도 있었고, 버나드 루도프스키(Bernard Rudofsky, 1905~ 1988)와 같이 비서명의 풍토건축(Vernacular Architecture)을 천착한 건축가도 있었지만, 시대정신은 이미 규격화, 표준화의 교조적 경향이 짙어지고 있었다.

산업화 건축재료와 대량생산 건축기술은 1, 2차 세계대전을 겪으면서 생겨난 엄청난 주택 수요에 힘입어 정당성이 더욱 강화되었고, 그 결과 도시경관과 건축공간은 획일화, 규격화로 치달았다. 모더니즘이 인간을 '상자' 속에 가둔 형국이 되었다. 기능성과 실용성의 지나친 추구로 인간의 감성적, 정서적 측면은 소홀히 되었고, 결국 도시와 건축은 개성 없이 지루할 뿐인(bore) 건물 숲으로 변했다. 이런 맥락에서 보면, 기능주의, 기술주의, 기계주의 건축이 인간 심성에 상처를 주고 인간을 소외[4]시키는 결과를 낳았다고 한 피터 블레이크[5]의 지적은 타당하다.

건축에서 인간소외를 불러오는 또 하나의 커다란 힘은 권력

관계이다. 권력이란 사회 전체에 퍼져있는 힘의 흐름으로 개인이나 집단에 포함된 것이 아니다. 바꾸어 말하면 권력은 사회적 현상이며, 건축은 권력 관계가 3차원의 공간으로 표출된 것이라 할 수 있다. 공리주의로 잘 알려진 제레미 벤담(Jeremy Bentham, 1748~1832)은 최소의 비용으로 많은 노동자를 통제할 수 있는 효율적인 방법을 생각하던 중 파놉티콘(Panopticon)[6]이라는 원형감옥을 고안하였다. 통제 효율성을 극대화하는 방안으로 원형감옥이 탄생한 것이다.[7]

출처: wikimedia.commons

▲ 파놉티콘 평면 및 입면도(왼쪽), 독일의 파놉티콘(오른쪽)

원형감옥은 중앙의 원형 망루에 근무하는 간수 한 사람이 자신은 드러내지 않고 둘레의 감방(cell)에서 생활하는 모든 죄수를 감시할 수 있는 구조로 되어있다. 원형감옥의 의미를 사회학적으로 해석한 프랑스 철학자 미셸 푸코(Michael Foucault, 1926~1984)는 근대 이후 인간은 누구나 명령하고 통제하며 지시하고 금지하는 권력 앞에 노출된다고 보았으며, 교도소를 대표적 사례로 들었다. 군대, 학교, 병원, 공장, 회사 역시 규율에 익숙한 인간(몸)을 만드는 장소로 파악하였다. 이러한 관점을 확장하면 건축 공간이 매개하는 권력 관계가 우리의 정체성조차 특징짓게 된다는 것이 푸코의 주장이다.[8] 즉, 건축의 존재이유(Raison d'etre)가 인간의 욕구충족에 있는 것이 아니라, 권력욕의 공간적 현시에 있는 것처럼 보이기도 한다. 오늘날 도시도 감시와 처벌의 환경과 별 차이가 없다. CCTV는 가로와 골목, 아파트단지와 지하주차장, 건물 복도와 승강기 등 도시를 온통 도배하다시피 한다. 범죄예방과 시민안전을 위해 어쩔 수 없는 선택이라지만, 개인의 자율성을 약화시키고 프라이버시를 침해할 수 있다는 우려와 비판은 피하기 어렵다.

▲ 설치중인 CCTV(왼쪽), 울산광역시의 CCTV 위치도(오른쪽)

03 폭파된 프루이트 아이고(Pruitt Igoe) 주거단지

미국 중서부 미시시피 강변의 세인트루이스(St. Louis)는 1950년대 제조업과 물류로 유명했던 성장도시 중 하나였으나, 공장과 창고 등 산업시설은 늘어만 가는데 주택을 비롯한 생활기반 시설은 늘 부족하였다. 주택은 노후화되고 슬럼이 늘어났다. 시정부는 원도심 북서측 56에이커(226,623m^2) 부지에 있던 슬럼을 철거하고 아파트단지를 재건축하는 계획을 세웠다. 현상설계에서 당선된 미노루 야마자키(Minoru Yamazaki, 1912~1986)[9]의 초기설계는 저층, 고층을 섞어서 주거동을 배치하고 커뮤니티 시설과 어메니티, 그리고 충분한 녹지를 마련하는 것이었다. 하지만 공사비에 부담을 느낀 연방정부가 개입하여 11층의 판상형 아파트 33개동(2,870세대)으로 변경되었고 편의시설과 녹지도 계획안보다 축소되었다.

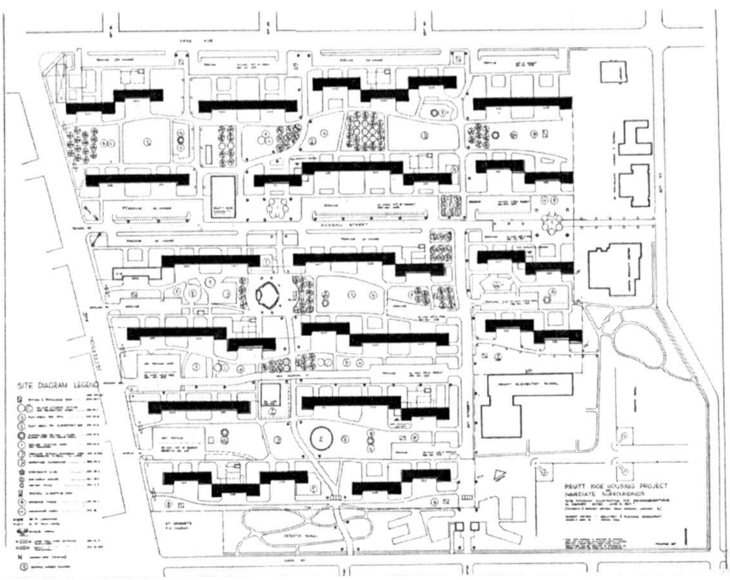

출처: wikimedia.commons

▲ 프루이트 아이고 주거단지 배치도

프루이트 아이고는 당시 미국의 주거 양식과는 거리가 멀었다. 르코르뷔지에의 판상형 아파트인 유니테 따비따시옹(unit of habitation)의 미국식 버전처럼 보였다. 거주밀도도 국제건축가연맹(CIAM)이 제시하는 기준에 따라서, 1에이커(4,046m²)당 50세대를 계획하였고 승강기는 1, 4, 7, 10층에만 설치하는 스킵스탑(skip-stop)형으로 설계하여 계단사용을 유도하였다. 앵커 층에는 세탁실, 집회실, 공용복도, 쓰레기투하시설 등 공용시설을 배치하여 입주민의 편의성을 높이도록 했다.

출처: wikimedia.commons

▲ 프루이트 아이고 건설 모습(왼쪽), 완공 후(오른쪽)

슬럼에 살았던 주민들은 입주 초기에는 새롭고 편리하고 깨끗한 시설과 넓은 옥외공간에 만족하였고 11층의 고층 주거환경은

"공중에 떠 있는 안락한 보금자리"로 평가되기도 했다. 하지만 곧 문제가 드러났다. 스무 가구가 한 층에 거주하는 복도식 아파트여서, 문을 열고 나가면 복도나 계단, 승강기에서 낯선 누군가를 만나 위험에 처할 수도 있다는 생각을 하게 되면서 주민들은 점점 더 타인의 시선을 피하게 되었다. 시선회피와 무관심으로 인해 공적 공간들이 방치되기 시작했다. 버려진 쓰레기와 낙서로 채워지는 공간들을 보면서 주민들의 관심은 더 멀어지고 환경은 더 악화되었다. 놀이터는 아파트에서 너무 멀리 위치했고, 부모들은 사방으로 열려있고 누구도 관리하지 않는 놀이터가 안전하지 못하다고 생각하여 아이들이 놀이터에 가는 것을 허락하지 않았다. 건축가 오스카 뉴먼의 진단[10]대로 거주자의 마음을 읽지 못한 단지구조로 인해 동네는 무관심과 반달리즘(vandalism)의 온상이 되었으며 공동체 의식은 실종되었다.[11]

사회·경제적 여건도 주거단지 유지와 관리에 불리한 방향으로 흘러갔다. 1950년대 흑인민권운동 바람이 거세지면서 인종 간 갈등 해소와 계층 간 조화를 위한 사회적 혼합(Social Mix)정책이 힘을 얻기 시작했다. 1956년 인종차별정책이 폐지되자 주거 분리가 유지되던 백인 주거지에 흑인거주가 늘어났다. 흑인과는 거리를 두려는 백인의 주거지가 교외로 이동하면서 원도심은 더 쇠퇴하게 되었으며 도시 재정은 악화되었다. 이는 다시 기반시설 관리실패와 치안유지의 어려움을 불러오는 악순환으로 이어졌다.

1960년대 중반 주거단지의 절반이 빈집이 되었고 임대료를 내기도 어려운 저소득층 동네로 변했다. 유리창은 깨진 채 방치되었고 겨울에는 수도관이 얼어 터지고 쓰레기도 방치되면서 거대한 수직 게토(Vertical Ghetto)가 되어갔다. 엉망인 주거환경을 피해서 사람들은 떠났고 빈집은 계속 늘어났다. 아파트 복도의 벽은 낙서(Graffiti)로 가득 찼고, 버려진 쓰레기에서 나는 썩은 냄새들이 코를 찔렀으며, 반달리즘으로 파손된 시설물은 계속 방치되었다. 가난과 방치가 불러들인 마약과 범죄가 늘어나자 단지 전체의 안전이 심각하게 위협받기 시작했다. 도시주택개발청(HUD)이 한때 재개발의 희망으로 불렀던 단지를 폭파한 것은 상황이 막다른 골목까지 갔기 때문이다. 마침내, 1972년 3월 16일 3개동 폭파를 시작으로 4년여에 걸쳐 33동이 전부 해체되었고 가난과 범죄의 현장도 역사 속으로 사라졌다.[12]

출처: wikimedia.commons

▲ 방치된 아파트 복도(왼쪽), 폭파 후 모습(오른쪽)

04 건축가가 사용자의 욕구에 부응하지 못하는 이유

단독주택, 아파트, 사무실, 상점, 호텔, 시청, 동사무소, 전시관, 음악당, 체육관 등 모든 건축물은 그 시설을 '사용하는 사람'을 위한 공간이다. 주택처럼 건축주와 사용자가 동일인 일 수도 있지만, 상점은 건물주, 임대인, 사용자(고객)가 각기 다르다. 공공시설은 해당 자치단체가 소유하지만, 사용자는 불특정 다수인 시민이다. 공간사용자의 욕구를 충실히 채워주는 건축이 좋은 건축이다. 사용자의 욕구충족이라는 관점에서 보면, 사용자의 니즈에 충실한 설계가 과학적이고 바람직한 설계라 할 수 있다.

그렇다면 왜 건축가들은 사용자의 욕구에 부응하지 못할까? 몇 가지 원인을 짚어보자.[13] 우선, 설계(건축행위)를 통해 인간의 행동(행태)을 직접 조절할 수 있다는 일종의 설계결정주의를 들 수 있다. 건축가의 전문지식과 설계개념으로 '좋은 건축'은 얼마든지 가능하다는 태도인데, 여기서는 대지가 속한 지역이 사회문화적 여건이나 제도는 설계에 반영되는 변수가 아니라 상수가 된다. 거장이 설계한 건축물은 비판하지 못하는 '천재의 오류'도 이와 비슷하다. 건축가 자신이 인간을 잘 이해하기 때문에 건축주를 행복하게 하는 법을 잘 안다고 생각한다.[14] 하지만 디자인 철학과 개념에서 천재성을 발휘한다고 해서, 사용자의 심리적 욕구와 지역의 사회·문화·경제적 여건을 설계에 반영하는 일에도 천재성을 발휘하는 것은 아니다.

‘건축(물리적 환경)이 행태에 영향을 주지 않는다’고 하는 반대의 관점도 있다. 저소득층 임대 주거단지나 비공식 주거지인 슬럼 주민들이 집안과 밖의 공간을 지저분하게 하거나 쓰레기를 내버려 두는 상황이 그 증거로서 제시되기도 한다. 하지만 이를 건축과 행태 간의 상관성이 없는 반증으로 인식하는 것은 잘못이다. 주민은 경제적 빈곤과 사회문화적 소외로 욕구를 억제하는 것이지, 욕구 자체가 없는 것은 아니기 때문이다.

건축을 사업으로서만 인식하는 태도도 문제다. 법규에 저촉되지 않는 범위에서 용적률을 최대한 높이는 방식 등의 ‘경제성 제일주의’는 사용자의 욕구나 행태에 대해서 무관심하게 만든다. 건축을 비즈니스로만 취급하게 되니 이용자는 공간사용의 주체가 아니라 수익창출의 객체, 즉 수요로만 생각되기 일쑤다. 설계변경이란 것도 민간 건축주의 이익 극대화와 공공기관의 비용 절감을 위한 것이지 사용자의 성향이나 요구를 반영하기 위한 목적으로 보기는 힘들다. 시장 중심 경제에서 건축과정을 하나의 게임에 비유한다면, 건축가는 계획과 설계, 예산 세우기, 개발, 시공계약, 노동력 조달, 기타 등등 기계적으로 진행되는 전 과정상의 한두 단계를 맡을 뿐인 플레이어에 불과할 뿐이다.

[미주]

1 Jacobs(2016: 115).

2 르코르뷔지에는 산업화의 부작용과 세계대전의 폐허를 목도하고 세상이 병들었다고 보았다("The world is sick.") 따라서 재조정(readjustment)으로는 치유가 어렵고, 세상 전부를 다시 지어야 한다고 보았다. 과학과 기술에 근거한 국제적 차원의 건축기술이 당시에 확연하다고 보았다. 즉 근대과학 기술이 건축혁명을 불러왔고 건축혁명은 수학과 기계의 산물이라 주장했다 (Le Corbusier, 1933: 92~93).

3 미스 반 데 로에(Mies Van de Rohe)의 유명한 경구 "Less is more"로 대변된다.

4 예를 들어, 온종일 쉼 없이 돌아가는 컨베이어 앞에서 쩔쩔매는 찰리 채플린 주연의 영화 모던 타임즈(Modern Times, 1936)가 '소외'의 문제를 잘 드러낸다.

5 블레이크 지음, 윤일주 옮김(1985).

6 그리스어의 '모두'를 의미하는 pan과 '본다'는 의미의 opticon의 합성어이다.

7 교도소 생활에서 얻는 정보나 수법을 사용하여 출소 후 다시 범죄를 저지르는 사례가 빈번한 것을 보면 감시 효율성만을 위한 교정시설은 오히려 비효율과 고비용을 초래하는 건축공간이라 할 것이다. 실제로 1970년대 미국에서는 "교도소가 더 많은 범죄를 낳는

(breed) 대학"이라는 비판에 휩싸이기도 했다.

8 푸코 지음, 오생근 옮김(2016).

9 야마자키는 2001년 9월 11일 테러범에 의해 폭파된 세계무역센터 (WTC)의 설계자이기도 하다.

10 Newman(1996: 9~12).

11 몽고메리 지음, 윤태경 옮김(2014: 213).

12 프루이트 아이고 주거단지 폭파는 미국의 공공주택과 도시재생 정책의 실패작으로 기록되었고, 건축가 찰스 젱크스(Charles Jencks)는 1972년 3월 16일을 모더니즘 건축이 종결되고 포스트 모던 건축이 시작된 시점으로 보았다 (Jencks, 1984: 9).

13 Heimsath(1977).

14 키드웰 지음, 김성환 옮김(2017: 8).

3장

불편한 공간과 인간의 욕구

"인간의 욕구에 대해 고찰해 본 적이 있다면...... 이 욕구들이 저마다 한 번쯤은 철학을 논하면서, 각각 자기기 존재의 궁극적인 목적이자 다른 욕구의 적법한 지배자라고 주장하려 든다는 사실을 깨닫게 될 것이다."

니체[1]

01 공간이 불편할 때 생기는 일

인간은 시·공간적 존재이다. 너무나 당연한 것처럼 들리기도 하고 또 현실에 함몰되어 잊고 지내기 일쑤지만, 우리의 삶은 태어나 죽어서 묻힐 때까지 언제나 시간-공간상에서 지속된다.[2] 의식하든 못하든 물리적 환경은 우리의 몸과 마음에 언제나 영향을 준다. 환경-행태 연구의 선구자인 아모스 라포포트(Amos Rapoport)에 의하면, 물리적 환경이 인간의 행태나 기분 또는 웰빙에 어떤 영향을 미치는가에 대한 세 가지 입장이 있다.[3] 환경 결정론, 가능론 그리고 개연론이 그것인데 어느 관점이든 환경이 인간에게 미치는 영향이 상당함은 부인하기 어렵다.

환경심리학에서는 외부의 환경 정보를 감각기관을 통하여 감지하는 단계를 지각(perception)이라 하고, 해당 정보와 관련된 경험, 지식, 가치관, 신체적 조건 등이 개입되면서 정보의 내용을 파악하는 단계를 인지(cognition)[4] 그리고 그 결과로 취하게 되는 만족도나 선호도와 같은 (비)우호적 감정을 태도(attitude)라 한다. 여기서 환경 정보에 대한 반응인 행동과 행태는 지각–인지–태도라는 일련의 연속적 과정의 산물로 이해된다. 그렇다면 행동의 목적은 어디에 있는 것일까? 심리 현상을 자연선택에 의한 진화이론의 틀 속에서 설명하는 진화심리학의 관점을 취하면 답은 분명해진다. 진화심리학은 우리가 외부의 정보를 받아들이고 변환하여 행동하게 되는 것을 환경 속에서 생존과 적응을 위한 과정으로 본다.[5]

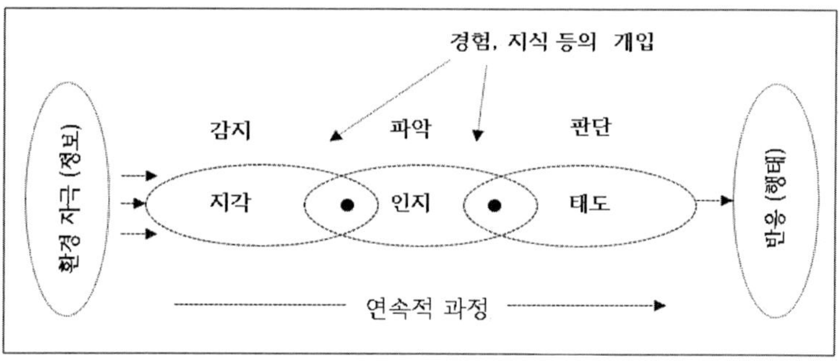

출처: Holahan(1982: 24).

▲ 지각–인지–태도–행동 연속적 과정

우리의 몸과 마음은 따로따로 작동하지 않는다. 물리적 환경은 우리의 생각, 감정, 행동을 결정할 수 있다. 잠자는 방이나 함께하는 거실, 화장실, 동료와 같이 일하는 사무실 등 공간은 예를 들어, 지나치게 좁거나, 어둡거나, 원하는 용도가 아니면, 마치 몸에 맞지 않은 옷을 입었을 때처럼 불편함을 느낀다. 공간이 불편하고 만족스럽지 못할 때, 우리는 그 공간을 회피하거나 아니면 자신에게 맞도록 고치려 할 것이고, 이 역시 생존과 적응의 전략으로 이해할 수 있다.

공간의 불편함이 계속되면 기분이 언짢아지고 신체기능도 저하되어 에너지를 뺏기게 된다. 공간이 지친 몸과 마음을 회복시켜 주기보다는 많은 힘을 소모하기 때문이다. 이 상태가 계속되면 사람들은 우울감과 스트레스를 느끼게 되지만 대부분은 그 원인이 물리적 환경에 있음을 눈치채지 못한다. 지나치게 낮은 천장, 딱딱한 책상과 의자, 어두운 교실에 많은 어린이가 함께 생활하면 신체, 정서발달에도 부정적 영향을 미칠 수 있다. 마찬가지로 매우 좁고 과밀한 교도소 생활환경은 재소자를 교화시키기보다는 오히려 재소자 간 갈등과 폭력을 부추기는 결과를 초래할 수도 있다.

02 마음을 조종하는 뇌 이야기

방으로 들어서자 답답함을 느꼈다거나, 아니면 너무 휑하니 적막함이 다가왔다거나 하는 감정은 어디서 생겨나는 것일까? 건조환경에 대한 느낌과 마음, 기분과 태도는 우리의 뇌가 작동하여 생기는 현상이다.

영국의 해부학자였던 토마스 윌리스 경(Sir Thomas Willis, 1621~

1675)은 1664년 세계최초로 '영혼의 해부'라 불렸던 인간의 뇌를 그렸다. 윌리스는 뇌바닥에서 소동맥까지 혈액을 공급하는 뇌동맥 연결체인 6각형의 고리를 발견하고, 뇌의 작용으로 마음과 감정, 기억과 욕망이 생긴다는 사실을 밝혀냈다. 뇌의 화학적 변화가 죄의식과 기쁨, 슬픔의 원천이 되고, 때론 우울증이나 광기의 원인이 되기도 함을 증명한 것이다.

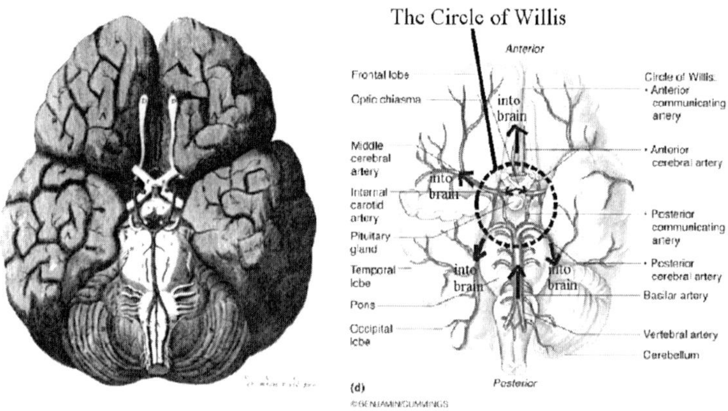

출처: 스턴버그(2013: 48) 및 O'Connor(2003: 141).

▲ 건축가 크리스토퍼 렌이 그린 영혼의 스케치(왼쪽), 윌리스의 고리(오른쪽)

두개골과 뇌척수막 그리고 뇌척수액에 둘러싸여 있는 인간의 뇌는 여섯 조각으로 이루어지며 무게는 1.4kg 정도라 한다. 알려진 대로 우뇌는 청각, 공간적, 음악적, 예술적, 상징적, 감성적, 질적 측면을 관장하며, 언어중추가 있는 좌뇌는 시각, 수리, 논리, 합리적, 양적, 이성적(체계적) 능력을 조절한다. 사람은 우뇌형인가 좌뇌형인가에 따라서 언어, 문제해결, 학습, 감정, 운동

능력에서 차이를 보이게 되고, 욕구와 마음도 이러한 뇌의 특성에 영향을 받게 된다고 한다.

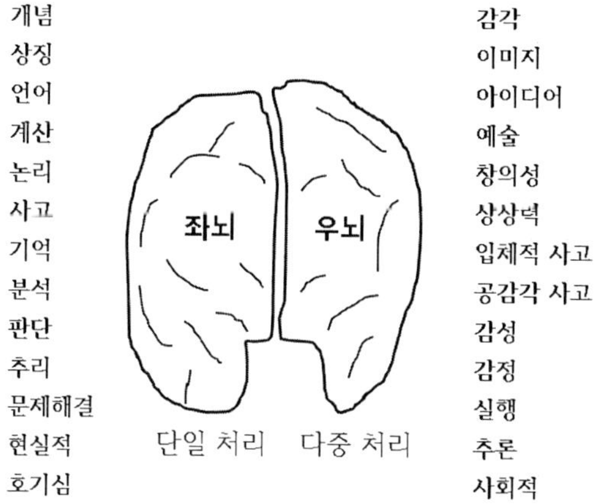

▲ 좌뇌와 우뇌의 역할과 기능

03 욕구의 사다리와 공간 환경

인간은 다양한 물질적, 정신적 동기와 욕구를 지니는 복잡한 존재이다. 하지만 행동이 표출되는 과정은 앞서 언급한 환경 심리학적 설명을 이용하면 비교적 쉽게 이해된다. 즉, 지각–인지–태도의 연속적 과정을 거쳐 건축공간에서 행동(행태)으로 나타나는데, 이때 행동은 그 주체인 인간의 다양한 동기와 욕구를 만족시키는 수단이 되는 셈이다.

심리학, 사회학 등 인간을 대상으로 하는 분야에서 잘 알려진 아브라함 매슬로우(Abraham Maslow, 1908~1970)의 욕구이론은 1943년 미국심리학회 학술지(Psychological Review)에 실린 "인간 동기이론(A Theory of Human Motivation)"과 1954년 출간된 단행본 『동기와 성격(Motivation and Personality)』을 통해 정식화되고 널리 수용되었다. 여기서 핵심은 두 가지이다. 첫째, 사람은 누구나 생리적 욕구, 안전 욕구, 사회적 욕구(애정과 소속의 욕구), 자기존중 욕구, 그리고 자아실현 욕구를 충족시키고자 한다는 것과, 둘째, 이 다섯 가지 욕구는 사다리처럼 위계(Hierarchy of Needs)를 보이면서 상호 연관성을 지닌다는 점이다.

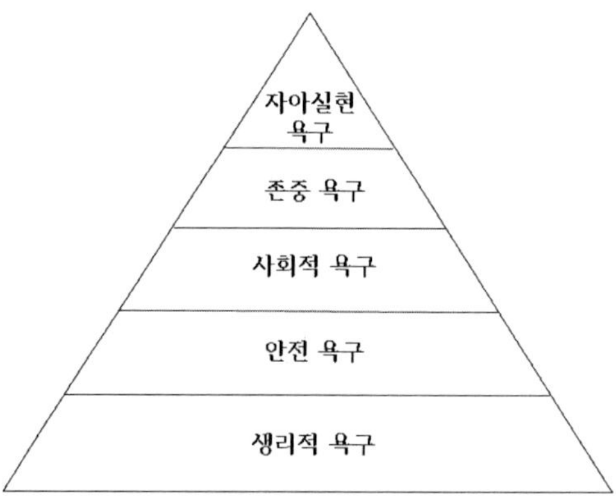

▲ 매슬로우의 욕구 5단계

맨 아래 단계인 생리적 욕구는 숨 쉬고, 먹고, 자고, 사랑하고, 배설하는 일인데, 이는 생존에 필요한 가장 원초적 욕구이다. 이 욕구를 만족시키기 위해서는 물질적이거나 정신적인 동기가 필요하다. 집은 은신처로서 누구나 필요한 공간이다. 어떤 이유로 생리적 욕구충족의 동기가 바뀌게 되면 공간 환경의 형태와 기능 역시 변하게 된다. 예를 들어, 혼자 살던 원룸에서 소형 아파트를 구해 이사하는 것은 결혼이라는 동기로 인해 기존 공간에서 생리적 욕구의 충족이 어려워지니까 환경을 재구성하는 행동으로 이해할 수 있다.

안전 욕구는 외부환경으로부터 자신을 보호하거나 심리적 불안이나 부담을 극복하는 일과 관련된다. 영역적 지배가 확실하고 프라이버시가 잘 유지되면 우리는 안전함을 느낀다. 우리가 '보금자리'로 여기는 집은 폭풍, 폭염을 비롯한 자연재난과 화재나 전염병 같은 사회적 재난으로부터 가족의 안전을 지키는 피난처(Shelter)이다. 정신분석학의 거장 지그문트 프로이트(Sigmund Freud, 1856~1939)가 "집은 자궁이다"라고 했을 때, 이는 위험으로부터 피난처이자 안전을 제공하는 은신처의 중요성을 강조하는 것이다. 또 가스통 바슐라르(Gaston Bachelard, 1884~1962)의 말처럼, 무의식 속에서 어머니의 자궁에 싸여 있었듯이, 우리는 집이라는 공간에서 안온함과 평화로움을 느낀다.[6] 또 우리가 낯선 도시를 방문할 때 방향감각이 없거나 안내지도 등 정보 부족으로 혼란스럽거나 불안감을 느끼게 되는 것 역시, 어찌 보면 안전 욕구가 충족되지 못하는 반증이라 할 수 있다. 안전 욕구를 충족시키는 환경설계가 곧 좋은 도시건축의 기본 요건이 되는 것은 자연스럽다.

연인이나 가족과 애정을 나누거나, 친구나 동료와 공동의 환경에서 소속감을 느끼고 싶은 것은 당연한 욕구이다. 애정과 소속의 욕구가 가장 빈번하게 표현되는 장소 또한 집이다. 동네

공원, 가로, 광장, 클럽, 커뮤니티센터 등도 친구나 이웃, 동료와 만나고 소속감을 느끼면서 교류하기 좋은 장소가 될 수 있다. 이런 의미에서 도시라는 공동체는 시민의 애정과 소속의 욕구를 충족시키는 훌륭한 사회적 무대가 될 수 있다. 경제적 이해관계에 매몰되는 야만적 단계를 넘어 도시구성원으로 존재할 때 비로소 인간은 제대로 살게 된다고 본 아리스토텔레스 역시 이러한 사회적 욕구의 중요성을 강조한다.[7]

존중감은 타인으로부터 받기도 하지만 스스로 얻기도 한다. 타인의 인정과 존경으로 얻게 되는 존중감은 나의 명성, 지위, 평판 등의 성과에 근거하는 경우가 많고 이는 쉽게 사라질 수도 있다. 반면 자신이 스스로 만드는 존중감은 더 안정적이고 지속적인 특징을 보인다. 존중의 욕구가 충족되면 자존감과 자신감이 생기고 성취감을 느끼기도 하지만, 그렇지 못할 때는 나약함, 열등감, 무력감을 느끼게 된다. 예를 들어, 주택설계의 경우 가족 구성원 각자의 존중욕구 충족을 위해서는 먼저, 적절한 공간 규모와 함께 프라이버시가 충분히 제공되는 설계가 요구된다.

욕구 사다리의 가장 위에는 자신의 잠재력과 능력을 인식하고 바라는 바를 이루고자 하는 자아실현의 욕구[8]가 있다. 방이나 집은 삶의 흔적을 드러내는 공간이며 꿈을 실현하는 장소로 여겨지기도 한다. 오랫동안 꿈꾸어온 전원주택을 직접 지어 살아가는 주인에게 그 집은 바로 자신의 얼굴인 동시에 정체성이다. 집을 자아실현의 물리적 증거이자 사회적 위치의 상징으로 여기는 심리는 상업적으로 이용당하기도 한다. “당신이 사는 곳이 당신이 누구인지 말해줍니다”라는 어느 건설회사 분양 광고가 그런 사례다.

욕구가 충족되지 못할 때 우리는 무의식적이든 의식적이든 결핍을 느끼게 된다.[9] 한 가지 중요한 점은 하위 욕구가 충족되지 않으면 상위욕구도 충족되기 어렵거나 좌절될 수 있다는 것이다. 흔히 빈민가 주민들이 빈번한 폭력이나 범죄 위협에도 불구하고 환경이 열악한 무허가주택에서 살아가는 것은 생존 욕구가 안전 욕구보다 우선되기 때문이다. 생존과 안전이 어느 정도 해결되어야 비로소 사람들은 타인에게 관심이나 애정을 가지게 되며 모임이나 동네에 대한 소속감이 생겨나는데, 이것도 욕구에는 위계와 순서가 있기 때문이다. 생리적 욕구부터 자기존중의 욕구까지 어느 정도 충족되어야 자아실현의 욕구가 발현될 수 있음도 같은 이치다. 요약하면 집과 동네, 가로와 도시를 비롯한 다양한 건조환경은 우리의 생리적 욕구, 안전 욕구, 사회적 욕구를 직접 담아내는 그릇(container)이며 간접적으로는 나아가 자기존중과 자아실현을 가능케 하는 무대라 할 수 있다.

[미주]

1 니체, 피터슨 지음, 김진주 옮김(2021)에서 재인용.

2 '시간'이 내재된 장소를 인간이 어떻게 경험하고, 인간의 내적 경험과 외적 시·공간 환경이 어떻게 서로 들어맞게(fit) 되는가에 대해서는 Lynch(1980)를 참조.

3 Rapoport(1977: 2).

4 인지는 위치, 거리, 공간의 배치, 기타 환경 정보를 획득, 저장, 조직화, 불러내는(recalling) 단계이며, 환경에 대해 개인이 지니는 인상, 정보, 이미지, 믿음 등이 관련된다.

5 자연선택과 적응에 대해서는 전중환(2010)을 참조.

6 가스통 지음, 곽광수 옮김(1990: 1~2장).

7 슈뢰르 지음, 정인모·배정희 옮김(2010: 258).

8 명예욕이나 권력욕도 자아실현 욕구에 해당한다.

9 매슬로 지음, 정태연·노현정 옮김(2005: 108~109).

4장

원시본능과 만나는 건축

"어릴 적 평평한 바위나 동굴의 입구를 보고 호기심을 느끼지 않았던 사람이 있기는 할까? 그것은 인류의 가장 원시적 조상이 품고 있던 본능의 일부가 여전히 우리 안에 살아 있어 느끼는 자연스러운 동경의 감정이다."

헨리 데이비드 소로[1]

01 어린이와 원시 생존본능

유년기의 어린이가 침대 밑에 들어가 잠들거나, 방의 한쪽 구석을 담요나 널빤지로 덮어 동굴처럼 만들면서 노는 것은 '숨을 때' 느끼는 안전함과 편안함 때문이다. 먼 옛날 인간은 수렵과 사냥을 하면서 살아남는 법을 배웠다. 3장에서 설명한 대로 생리적 욕구와 안전 욕구는 원시인의 생존에 필요한 최소한의 조건이었다. 몸을 숨긴 채 먹잇감을 찾기 위해 살피는 장소를 선택하는 행위는 수렵채집 시대 인간의 본능이었다. 인간의 마음이란 원시 시대부터 부딪쳐온 현실적인 문제들을 해결할 수 있도록 설계된 심리적인 도구들을 모아놓은 바구니 같은 것인지도 모른다.

인간은 오랜 세월 진화해 왔지만, 여전히 동물적 면모도 지니고 있다. 원시인의 생존본능이 어떻게 현대인의 마음속에 녹아 있는지 이해하는 것은 그리 어렵지 않다.

사진: Nick Hall

▲ 원시인과 동굴(위), 탄자니아 수렵채집인 하자(Hadza)의 모습(아래)

인류의 조상은 농경을 시작하기 전까지 수백만 년을 아프리카 사바나 초원에서 수렵채집 생활을 하며 보냈다. 초원의 원시인은 사냥을 위해 숲이나 늪을 달리면서 비와 천둥, 번개에 떨어야 했으며, 맹수의 공격에 항상 대비해야 했다. 이러한 여건에서 원시인의 마음은 그가 부딪히는 여러 문제를 해결하면서 생존, 적응, 번식하는 방향으로 진화였다.

하지만 이러한 원시본능은 농경사회나 산업사회에서는 인간의 생존과 번식을 높여주는 심리적 기제로 변화되지는 못하였다. 왜냐하면, 수백 만년의 역사 속에서 보면 약 11,000년 전에 시작된 농경사회나 고작 200년의 역사를 지닌 산업사회는 인간의 두뇌에서 유의미한 진화적 변화를 일으키기에는 매우 짧은 시간이기 때문이다. 따라서 우리 머릿속에는 여전히 수렵채집 시대의 본능적 마음이 들어 있다고 보아야 한다.[2] 문명의 발달로 야성은 퇴화했으나 본능은 여전히 남아 있다는 말이다. 이것이 최근 관심 분야로 떠오르고 있는 진화심리학의 핵심 주장이다.

02 조망과 은신의 욕구

왜 같은 풍경이라도 창문을 통해서 바라볼 때 더 아름답게 느끼는 것일까? 애플톤(J. Appleton)은 1975년 경관 선호연구를 통해 이러한 프레임 효과를 조망-은신(Prospect-Refuge)효과[3]라 이름 붙이고, 그 기원을 나무 아래 몸을 숨기고 들판의 사냥감을 찾던 수렵채집의 습관에서 찾았다. 안전한 (그래서 심리적으로 편안한) 나무 그늘에서 경치를 바라볼 때 더욱 아름답게 보인다는 주장이다. 자신이 '노출되지 않는 가운데 조망할 수 있는(to see without being seen)' 환경을 만드는 것은 심리적 측면에서 이용자의 쾌적성을 높이는 방법이 된다. 인간의 머리에는 "안전을 제공하는 유리한 지점(조망)과 목숨, 불확실성 그리고 안락함을 위협하는 여러 위험요소를 구별함으로써 기쁨을 느끼게 되는 뿌리 깊은 행태 메커니즘이 유전적으로 체화되어 전해져 왔다."[4] 먼저 보고 멀리 볼 수 있으면 두려움이 없어진다. 위험이 닥쳐도 대비하거나 피할 수 있는 시간적 여유가 있기 때문이다. 최근 오피스와 아파트를 중심으로 초고층 건축이 늘어나고, 또 입주하는 사람도 비용을 더 내면서 고층을 선호하는 것은 어찌 보면 '남보다 높은 위치에서 멀리 내다보려는 조망 욕구' 때문일지도 모른다.

조망과 은신에 좋은 장소는, 첫째, 전망의 막힘이 없어야 하고, 둘째, 불리하면 즉시 후퇴해서 숨을 수 있는 공간이 확보되어야 하며, 셋째, 먹을 것과 마실 것이 가까이 있어야 한다. 체화된 본능인 만큼 조망과 은신의 원리가 내재된 건축사례는 당연히 많다. 루이 11세 때 건축된 남프랑스의 요새 도시 카르카손(Carcasonne)의 이중성곽, 파리의 환상형 성곽, 15세기 밀라노 영주였던 프란체스코 스포르자(Francesco Sforza, 1401~1466)가 구축한 스포르체스코성(Castello Sforsesco), 중국 복건성 객가족의 요새형 집합주택인 토루(土樓)도 조망과 은신의 원리를 잘 이용한 사례다.

출처: wikimedia.commons

▲ 카르카손 외벽 성곽

19세기에 고안된 기준층(Typical Floor) 방식의 업무용 빌딩은 산업화와 자본주의 축적의 상징공간이었다. 승강기가 있는 코어(Core) 주위에 빙 둘러가면서 배치된 이 오피스에서 사장이나 부서 책임자는 직원들을 잘 감시할 수 있는 구석진 자리를 차지하는 것이 일반적이었다. 이 역시 조망과 은신 욕구의 또 다른 표출 방식이라 하겠다.

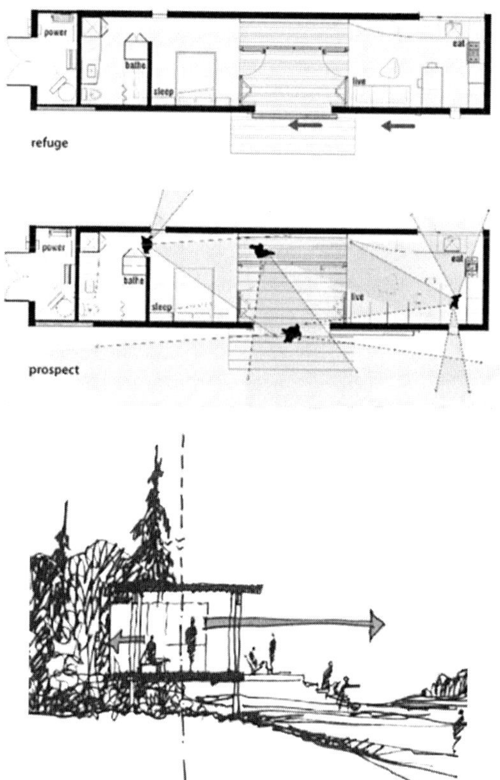

▲ 사무실의 조망 효과(위), 주택 거실의 조망(아래)

천장 높이는 은신의 욕구와 밀접하게 연관되는 건축설계 요소의 하나다. 높은 천장은 창의적 발상에 도움을 주기도 하는데, 천장이 너무 높으면 탁 트인 느낌이 강해지고 닫힌 느낌은 줄어들기 마련이다. 반대로 높이가 너무 낮은 천장은 개방감 부족으로 답답하고 갇힌 느낌을 준다. 존 베어드 교수가 73명의 학생을 대상으로 조사한 결과, 가장 많이 선호하는 천장 높이는 3.04m 정도였다. 이를 기준으로 하면 3.04m까지는 개방 욕구가 작용하고, 그 이상이 되면 은신 욕구가 작용한다고 보면 된다.[5]

하지만 이런 기준은 지켜지기 어려운 것이 현실이다. 법규가 허용하는 범위에서 천장 높이를 최대한 낮추어 (즉, 층수를 늘려서) 분양 또는 임대면적을 늘리려는 건축주나 건설회사의 끈질긴 이윤추구 성향도 원인 중 하나일 것이다. 그런 이유로 나라마다 천장 높이의 최소기준을 법규로 정하고 있는데, 우리나라에서는 아파트의 경우, 배관 등 설비 공간을 포함하여 최소높이를 2.4m 이상으로[6] 규정하고 있다. 이는 앞서 설명한 3.04m보다 1m가 낮은 것이고 그만큼 개방감은 줄어들게 된다.

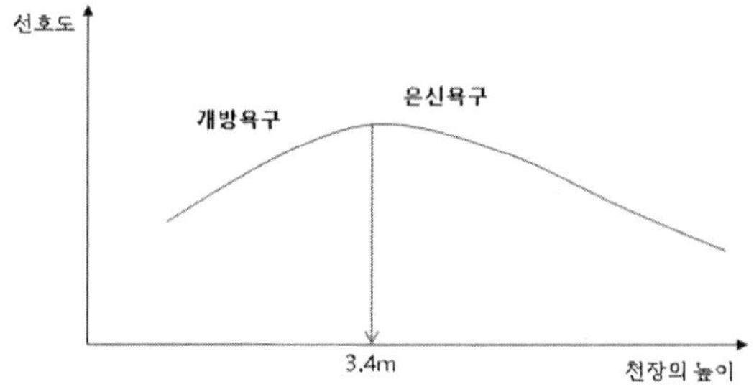

▲ 천장 선호도(Y축)와 천장의 높이(X축)의 관계

조망과 은신 욕구를 고려한 설계의 요점은 양자 사이의 균형을 어떻게 확보하느냐로 귀착된다. 미스(Mies)는 판스워스 주택(Fransworth, 1946) 설계에서 유니버설 스페이스(Universal Space)라 불리는 개방형 공간을 도입함으로써 주거건축의 새로운 지평을 열었다고 평가받는다. 하지만 통창으로 둘러싸인 내부는 적어도 시각적으로는 외부에 거의 노출되었고, 집주인은 오랫동안 사생활 침해 걱정과 스트레스에 시달려야 했다.[7] 지나친 외부조망으로 인해 은신의 욕구가 좌절되는 상황을 초래한 것이다.

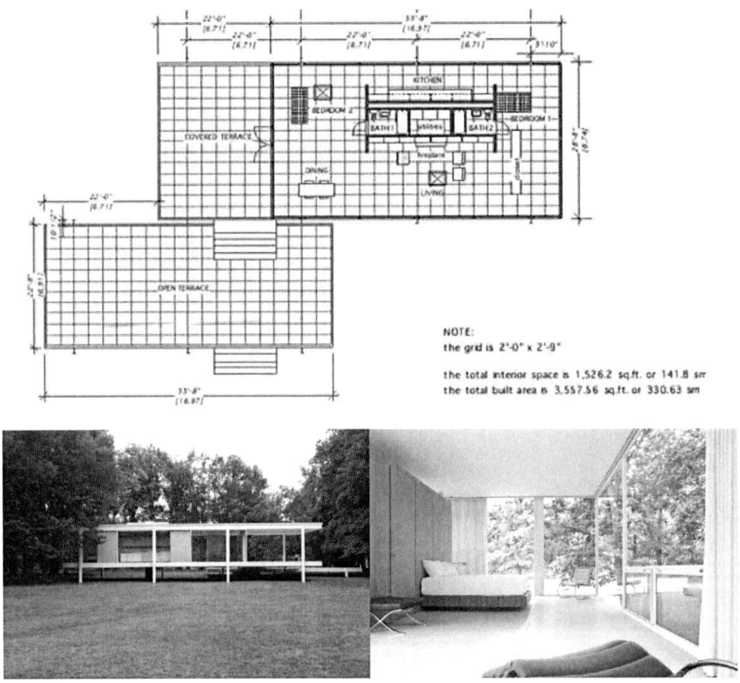

출처: wikimedia.commons

▲ 판스워스 주택의 평면(위), 외관(아래 왼쪽), 내부(아래 오른쪽)

조망과 은신의 적절한 균형을 이뤄낸 주택도 있다. 시드니의 오페라 하우스 설계로 유명한 요른 웃존(Jørn Utzon, 1918~2008)이 아내 리스를 위해 스페인 마요르카(Mallorca) 섬의 포르트 페트로(Porto Petro)에 지은 칸리스 주택(Can Lis House, 1971)은 중정과 벽으로 구획된 4개의 블록으로 구성되었는데 외부로부터 내부공간 차폐와 내부에서 외부로의 조망이 적절하게 균형을 이룬 사례로 꼽힌다.

출처: wikimedia.commons

▲ 칸리스 주택 외관(위), 내부(아래)

개구부와 벽체의 비율(void to solid ratio) 역시 개방감과 폐쇄감 조절의 중요한 수단이다. 건물 용도와 건축가의 설계개념에 따라

그 비율이 달라질 수 있지만, 일반적으로 환자의 건강과 안정을 중시하는 병원이나 모두에게 열려있어야 하는 공공건축물은 개구부 비율이 높은 편이다. 반면, 가족 구성원의 프라이버시와 자연채광이 모두 중요한 주거건축은 중간 정도이며, 고요한 가운데 경건함과 신앙심을 우선시하는 교회나 성당은 개구부 비율이 낮은 편이다.

알바 알토가 파이미오 요양병원(Paimio Sanatorium, 1932)의 병실과 로비, 계단실의 창과 개구부를 최대한 크게 만든 것은 충분한 햇빛과 숲으로 열린 자연 조망이 결핵 환자의 심리적 안정과 회복에 도움을 준다고 믿었기 때문이다.[8] 르코르뷔지에는 오랜 보행 끝에 성당 안으로 들어서는 순례자에게 종교적 충만감을 주기 위해 롱샹 교회(Notre-Dame du Haut, 1955)의 외벽 창을 작게 만들어 최대한 닫힌 느낌을 주되 내벽 창은 크게 만들어 극적인 빛의 확산을 연출하였을 것이다.

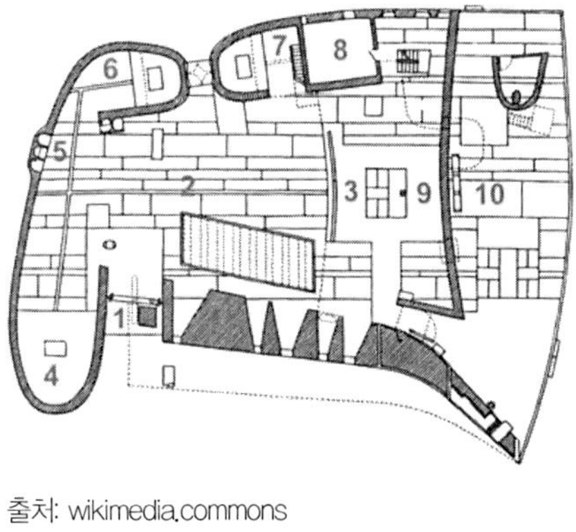

출처: wikimedia.commons

▲ 롱샹 교회 평면

출처: wikimedia.commons

▲ 롱샹 교회 내부(왼쪽), 외관(오른쪽)

03 자연을 갈망하는 본능, 바이오필리아

인간은 살아 숨 쉬는 자연에 본능적으로 이끌린다. 도시의 바쁜 일상에 지치고 힘들 때 우리는 숲과 산, 강과 바다가 있는 '자연'으로 달려간다. 한여름 휴가철 고속도로가 막히고 산과 바다가 피서객으로 넘쳐나는 것은 사람들의 유별남 때문이 아니라, 누구나 마음속에 자연을 갈망하는 유전자가 있기 때문이다. 자연에서 온 인간은 본능적으로 자연 친화적일 수밖에 없다고나 할까? 2021년 타계한 사회생물학의 대가 에드워드 윌슨(Edward O. Wilson, 1929~2021)은 '인간의 본능에는 녹색을 갈망하는 인자가 있다'고 보았다. 우리의 유전자 속에 생명(bio)을 사랑(philia)하는 본능, 즉 바이오필리아(Biophilia)가 녹아 있다는 이야기다.[9]

오늘날 도시(사회)가 누리고 있는 물질문명의 풍성함과 편리함이 자연(자원)을 지나치게 이용하고 착취한 결과라는 점에서 '인간의 자연사랑'을 의심하는 시각이 있기도 하지만,[10] 우리 마음(본능)에 내재한 본래 타고난 자연에 대한 정서적 친화성이 있음은 부인하기 어렵다. 인간은 자연 한가운데서 신체적으로 건강해지고 정신적으로 안정되기 때문이다.[11] 도시에서 구체적으로 어떤 유형의 자연환경이 인간과 자연의 유대를 통해 우리의 건강과 웰빙에 더 좋은 효과를 주는지 아직은 분명하지 않지만,[12] 도시의 자연요소가 우리의 정서에 긍정적 영향을 미친다는 것은 점점 상식이 되어 가고 있다.

인간과 자연의 본원적 연결성에 기초하여 양자가 공존하는 지속가능한 도시를 바이오필릭 시티(Biophilic City)라 부르기도 한다.[13] 숲과 공원을 조성하고 자투리땅에 정원이나 텃밭을 꾸미고 건물 벽이나 옥상을 녹화함으로써 온난화로 인한 도시 열섬(Heat Island)을 완화하고 미세먼지를 줄이는 것이다. '열대의 정원도시'를 표방하는 싱가포르, '숲속 도시'를 만드는 웰링턴, 도시 숲의 비율을 전체면적의 절반 수준으로 늘려가고 있는 멜버른이 대표적 사례이다. 최근 서울을 비롯한 우리나라의 여러 도시에서 숲 가꾸기를 하는 것도 같은 흐름일 것이다.

출처: wikimedia.commons

▲ 싱가포르 정원도시

사진: 산림청

▲ 오슬로 체육공원(위), 여의도 숲(아래)

건축 디자인에서도 인간의 자연사랑은 얼마든지 찾을 수 있다. 20세기 유기적 주거건축의 백미로 꼽히는 라이트(Wright)의 카우프만 별장(Kaufmann House, 1935), 일명 낙수장은 거실의 대형창을 통해 외부의 자연이 시원스레 내부로 들어온다. 차경(借景)으로도 불리는 이 방식은 전통한옥 마루에 앉아 마당 너머 자연을 즐기던 우리 선조의 자연 사랑과 크게 다르지 않다. 최근 도시주택과 오피스 건축에서 중정이나 옥상정원을 선호하는 경향 역시 자연을 가까이 두려는 이용자의 욕구가 반영된 것으로 이해될 수 있다.

출처: www.archdaily.com

▲ 낙수장 외부전경(위), 내부(아래 왼쪽), 2층 평면도(아래 오른쪽)

04 복합성과 질서에 대한 욕구

환경심리학은 행태를 인간과 환경 간 상호작용 결과로서 이해한다. 우리는 환경이 주는 정보(자극)를 자신의 가치관, 목표, 경험 등에 비추어 받아들이고(지각), 이해하며(인지) 이를 바탕으로 좋고 싫음(선호)을 나타낸다. 이 과정에서 주어진 환경이 지나치게 단조로워도 싫증을 내며, 또 과도하게 복잡해도 거부감을 느낄 수 있다. 인간은 본능적으로 혼돈(자연) 속에서 질서를 찾으려는 욕구를 지녀왔기 때문이다. 대상의 전체성과 형태의 관점을 중시하는 형태심리학에서는 우리가 일관성 있는 패턴, 모양, 형태를 선호한다고 보고, 인간이 환경 속에서 질서를 찾는 다섯 가지 방식으로서 형태와 배경의 구분, 근접성 원칙, 연속성 원칙, 완결성 원칙 및 유사성 원칙을 들고 있다.

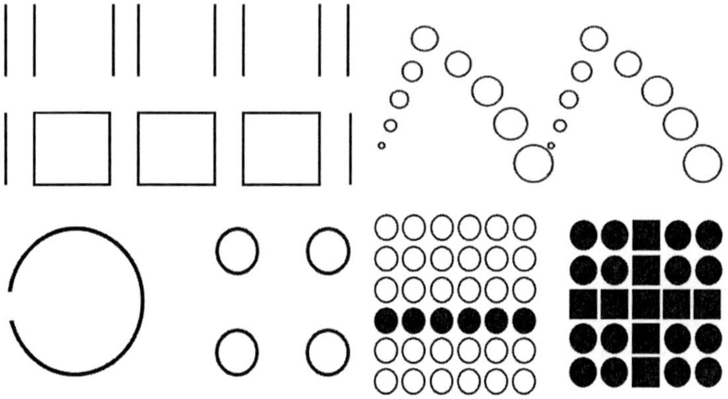

▲ 형태심리학의 시지각 원리(위 왼쪽에서 시계방향, 근접성, 연속성, 완결성, 유사성)

인간에게 변화는 본능적 욕구이다. 음식이든, 옷이든, 환경이든 같은 것이 반복되면 싫증을 내기 마련이다. 질서를 보이는 대상의 전체적 통일성(일관성)으로 이해하면, 자칫 그 질서가 단조로움과 지루함을 주게 된다. '장식 없는 극단의 매끈함'(그래서 단조로운)을 추구한 근대건축의 교의(doctrine)였던 'Less is more'가 20세기 후반에 와서 '지루하다(Less is bore)'는 혹평을 받은 것도 단순함의 반복보다는 복합적인 변화를 추구하는 인간의 욕구와 무관하지 않을 것이다. 이러한 관점에서 보면, 결국 적절한 수준의 부분적 다양성(복합성) 속에서 전체적 통일성(질서)을 유지하는 것이 디자인의 관건이 아닐까?

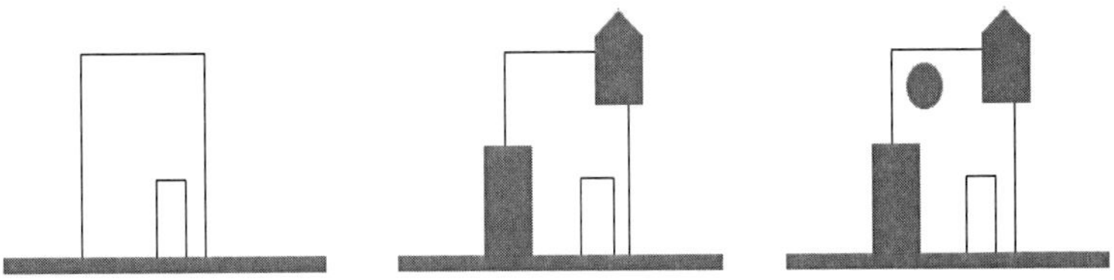

▲ 개별요소 수를 기준으로 본 건물 입면의 복합도

05 색채에 깃든 원시본능

색깔에도 원시본능이 깃들어 있다. 대자연은 만물이 태어나고 성장하는 자양분이자 에너지이다. 그래서 녹색은 성장과 활력을 상징하고 집중과 창의력 증진에 도움이 된다고 한다. 진화심리학의 설명을 빌리면 초원을 달리면서 생존하고 적응한 수렵채집인의 유전자가 지금까지 면면히 이어져 왔다고 보는 것이 합리적이다.[14]

원시인은 지평선 너머 떠오르는 해를 보면서 하루를 시작하는 활기와 역동성을 얻었을 것이다. 그래서 불과 피를 상징하는 빨간색은 충동, 사랑과 증오, 열정과 관능의 감정과 연결된다. 빨간색은 주의력을 집중시켜 작업능률을 높이는 효과가 있다고도 한다. 반면 청색이 고요하고 서늘한 느낌을 주는 것은 깊은 바다의 색깔에서 오는 연상 작용도 있지만, 날이 저물자 동굴로 돌아와 내일을 준비하는 원시인의 수면과 휴식과도 무관치 않아 보인다.

이렇게 우리는 색으로부터 어떤 분위기나 감정을 느끼기도 하지만, 그러한 느낌은 빛(채광)의 정도나 기분(마음)에 따라 다르게 다가오기 마련이다. 예를 들어 밝은색 방은 분위기를 환하고 넓게 만드는 반면, 어두운색 방은 좁고 칙칙하게 다가온다. 또 검은색 천장은 우리를 짓누르고 압박하는 느낌을 주지만 때로는 폐쇄적이고 아늑한 느낌을 주기도 한다. 같은 색이라도 사용되는 위치가 바닥인지, 벽인지, 천장인지, 조명이나 채광이 어떤지, 가구나 침대가 어떻게 배치되는지 등에 따라 다르게 느껴질 수 있다.

또 시간대에 따라 느낌이 달라질 수 있는데, 해 뜰 무렵 붉은색과 황혼 녘 노을에서 우리는 서로 다른 느낌을 받는다. 특정한 색이 오랜 시간 머리에 남아 현재 상황과 이어지기도 한다. 퇴근길 베이커리 앞을 지나면서, 어릴 적 골목 빵집 아저씨가 구어 내던 노란 도넛과 김이 모락모락 나던 하얀 찐빵을 떠올린다. 주말 여행길에 시골 학교 옆을 지나면서 초등학교 입학식 날 처음 본 교실의 녹색 칠판이 생각나기도 한다.

[미주]

1 소로 지음, 전행선 옮김(2013: 37).

2 전중환(2010: 193).

3 조망-은신 이론은 인간의 생존본능을 연구하였던 19세기의 인류학적 탐색(연구)에서 그 유래를 찾을 수 있다. 데카르트의 합리주의 개념과 이원론에 함축된 몸과 마음의 분리 개념까지 거슬러 올라간다. 후설(Edmund Husserl)은 인간의 몸과 환경 간 상호작용과 관련한 현상학 개념을 도입하였다. 후설의 제자였던 하이데거(Martin Heidegger)는 몸과 환경 간의 관계를 하나의 실제('being') 즉 몸(주체)과 환경(객체) 간 연속적이고 시간 차원의 상호작용 과정으로 설명한다 (Dosen and Ostwald, 2016).

4 Clamp and Powell(1982: 7).

5 키드웰 지음, 김성환 옮김(2017: 71).

6 주택건설기준 등에 관한 규칙(3조4항)은 거실 및 침실의 반자 높이(반자를 설치하는 경우만 해당한다.)는 2.2m 이상으로 하고 층높이는 2.4m 이상으로 하되, 각각 5cm를 단위로 한 것을 기준척도로 하도록 규정하고 있다.

7 건축주였던 이디스 판스워스는 엑스레이처럼 너무 투명하여 "옷걸이 하나를 사더라도 밖에서 어떻게 보일까를 고민해야 한다"고 불평했다(천장환, 2013: 359).

8 아름다운 숲, 노을이 지는 강 같은 자연풍경 속을 거닐거나 볼 때 신경세포들이 활성화되어 치유와 회복속도는 빨라진다고 한다.

9 윌슨은 바이오필리아를 '다른 생물 종과 친화하려는 인간의 타고난 욕구'로 보았으며(Wilson, 1984), 이와 유사한 개념으로 지리학자 이푸투안이 제시한 토포필리아(Topophilia)가 있는데 이는 '장소애'라 할 수 있다(Tuan, 1974).

10 최재천(2011: 111).

11 근대 계몽주의 이후 개발과 착취의 대상으로 취급해온 대립적, 기계론적 자연관은 자연과 함께 살아가는 공생(symbiosis)의 패러다임으로 전환되어야 한다.

12 Samus and et al.(2022).

13 비틀리 지음, 최용호·조철민 옮김(2020).

14 전중환(2010).

5장

건축의 소통, 기억 그리고 환경의 학습

"인간을 변화시키고, 진화시키고, 인간으로 특징짓는 것, 즉 어느 곳에서 태어나더라도 인간으로서의 정체성을 부여하는 것은 인간의 문화, 요컨대 모든 의사소통체계이다."

에드워드 T. 홀[1]

01 소통의 매개체로서 사고와 언어

인간의 욕구는 감정과 마음, 사고와 기억에서 생겨나는데, 이는 뇌의 화학적 작용에 의한 것이기도 하다. 하지만 태어나자마자 느끼고 생각하고 기억하는 것은 아니다. 생각하고 기억하는 능력은 성장발달 단계에 따라 점차 세분화하면서 복잡한 양상을 띠게 된다. 스위스 출신의 심리학자 장 피아제(Jean Piaget, 1896~1980)가 인간의 성장을 감각운동기(0~2세), 전조작기(2~7세), 구체적 조작기(7~11세) 그리고 형식적 조작기(12세~성인)의 네 단계로 구분하여 감각과 언어, 사고와 개념, 분류와 논리적 추론 등의 형성과정을 설명하는 것도 같은 맥락으로 볼 수 있다.[2]

미국의 심리학자 에릭슨(Erik H. Erikson, 1902~1994)은 일생을 8단계로 나누고 각 단계를 해결해야 할 과업 또는 위기로 설명한다. 즉, 생후 18개월까지는 신뢰와 불신, 3세까지는 자율성과 수치,

5~6세까지는 주도성과 죄책감, 11~12세까지는 근면성과 열등감, 18세까지는 자아정체성과 혼란, 40세까지는 친밀감과 고립감, 65세까지는 생산성과 침체성, 65세 이후는 자아통합과 절망감을 느끼는 시기이다.[3]

한편 사고(Thinking)란 뇌를 사용하여 생각하고 궁리하는 것을 말하는데, 심리학적으로는 심상(Mental Image)이나 지식을 사용하는 마음의 작용을 의미한다.[4] 사고함으로써 언어가 발달한다고 볼 수도 있고, 언어를 배우면서 사고가 형성된다는 주장도 가능하지만,[5] 분명한 것은 사고와 언어는 불가분의 관계를 갖는다는 점이다.

인간 세상의 일치고 언어에 영향을 받지 않는 것이 있을까? 누구나 말이나 글로써 자신의 욕구, 생각, 주장을 상대에게 전달한다. 언어적 의사소통을 통해 우리는 가족, 친구, 동료와 대화하고 공감하며 협력한다. 따라서 언어는 인간사회가 공동체를 만들고 유지하는데 핵심적인 수단인 셈이다. 비언어적 의사소통(Non-verbal communication)도 가능하다. 몸짓언어인 표정이나 몸짓이 대표적인데, 엄지손가락을 세워 상대방을 칭찬하거나 엄지와 검지로 동그라미를 만들어 동의의 뜻을 전달하는 것 등이다. 요즈음은 정보통신기술의 발달로 멀리 있는 사람과도 비언어적 소통이 가능한데, 스마트폰의 SNS 앱으로 이모티콘을 보내 의사 표현을 하는 사람이 많다.

02 건축과 소통하는 방식

건축공간에 대한 우리의 느낌과 감정, 욕구와 기대를 표출하는 방법(수단)은 무엇일까? 은퇴를 앞둔 대기업 중견간부 A 씨는 오래전 마련해둔 교외의 자그마한 땅에 은퇴 후 '살고 싶은' 집을 짓기 위해 지인으로부터 소개받은 건축가를 만난다. 틈틈이 적어둔 메모와 어설프게 그려둔 스케치를 이용해서 그가 가진 집에 대한 느낌과 생각과 욕구, 기대를 열심히 설명한다. 물론 말과 글이 의사소통의 기본이 된다.

이때 건축가에게 중요한 것은 건축주가 가진 여러 개의 페르소나(Persona)[6]를 이해하는 일이다. 남편, 가장, 아버지, 회사원 등 건축주 A씨의 얼굴은 다양하며, 이러한 역할들을 잘 이해하는 데서 건축가의 소통은 시작되어야 한다. 건축주의 페르소나에 주목함으로써 다양한 그의 욕구를 구체적으로 파악하고 이를 디자인으로 반영할 수 있기 때문이다. 이런 관점에서 보면 페르소나의 이해는 이용자 중심의 건축설계를 시작하는 첫 관문이 되는 셈이다.

A씨의 요구를 파악하고 이를 디자인으로 진전시켜 가는 과정에서 건축주와 건축가 간 일차적 소통수단은 스케치와 도면이다. 건축가는 A씨에게 초기 스케치, 배치도, 평면도 같은 도면을 보여주면서 설계 의도를 설명하고 A씨의 추가적인 욕구와 니즈를 수정, 반영해 간다. 건축가의 '도해적 입증'(Graphic Verification)이란

이 같은 과정을 지칭하는 용어이다. 하지만 도해적 입증도 말과 글을 함께 사용하지 않으면 불충분하다. 도면에는 각 공간이나 실의 명칭을 비롯하여 부위별 재료표시와 수량 등이 촘촘히 적힌다. 도해적 입증은 흔히 '피티'(PT, Presentation)로 불리는 언어적 의사소통을 통해 마침표를 찍게 된다. 따라서 건축가에게도 말과 글은 건축주의 욕구와 기대를 반영하면서 자신의 디자인 개념과 논리를 전달하는 기본 수단이다.

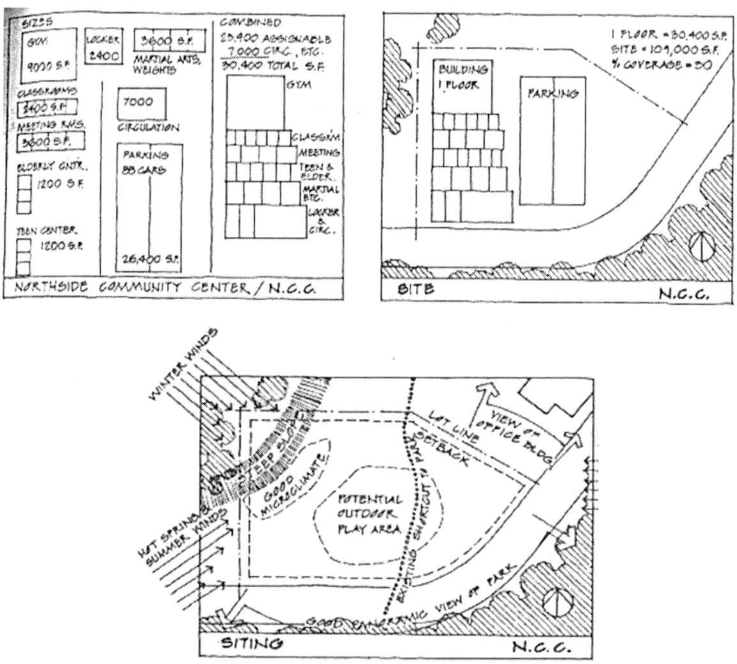

출처: 스나이드·캐트니즈(2005).

▲ **도해적 입증: 규모**(위 왼쪽), **대지**(위 오른쪽), **배치**(아래)

A씨에게 새집 입주는 곧 주택과의 소통이 시작됨을 의미한다. 이는 각 실의 규모, 기능, 형태, 색채, 분위기 등을 느끼고 이해하고 의미를 부여하는 과정으로 일종의 비언어적 의사소통에 해당한다.[7] 이 무언의 의사소통을 위한 수단은 A씨의 감각기관이며 그중에서도 시각에 가장 많이 의존한다. 여기서, 주택이 A씨에게 전달하는 무언의 의미는 두 가지로 나눌 수 있다. 지각적(perceptual) 의미와 연상적(associational) 의미가 그것이다. 완성된 주택으로부터 그것이 '매일 매일 쉬고 잠자는 공간'임을 시각적으로 뚜렷하게 알 수 있을 때, A씨는 그의 주택이 '주거'라는 의미를 지닌다고 생각하게 된다. 이는 우리가 비행기를 보면서 '하늘에서 사람을 실어 나르는 장치'로 그 기능을 이해하고 '수송'을 그 의미로 받아들이는 것과 같은 이치다.

연상적 의미란 지각적이고 표면적 의미에서 한 단계 더 들어가는 것으로, 건축물의 잠재적 기능과 관련이 되는 경우가 많다. 예를 들어 A씨 주택의 규모나 외관, 형태 등이 함축하는 그의 사회적 위치와 경제적 여유를 연상적 의미라 할 수 있다. 어느 시대나 건축은 인간에게 그것이 지닌 표면적 기능뿐만 아니라 잠재적, 연상적 의미를 전달한다. 우리 사회도 한때 아파트 평수로 그 사람의 사회·경제적 지위를 짐작하던 시절이 있었고, 요즈음은 승용차 차종으로 이 같은 짐작을 하기도 한다.

03 건축을 기억하고 학습하는 방식

인간은 생활에서 경험한 것들을 뉴런이라 불리는 신경세포 사이를 연결하는 일종의 창고인 시냅스(Synapse)에 저장하고 간직해 두었다가 나중에 다시 불러와 구성하기도 하는데, 이를 기억이라 한다.

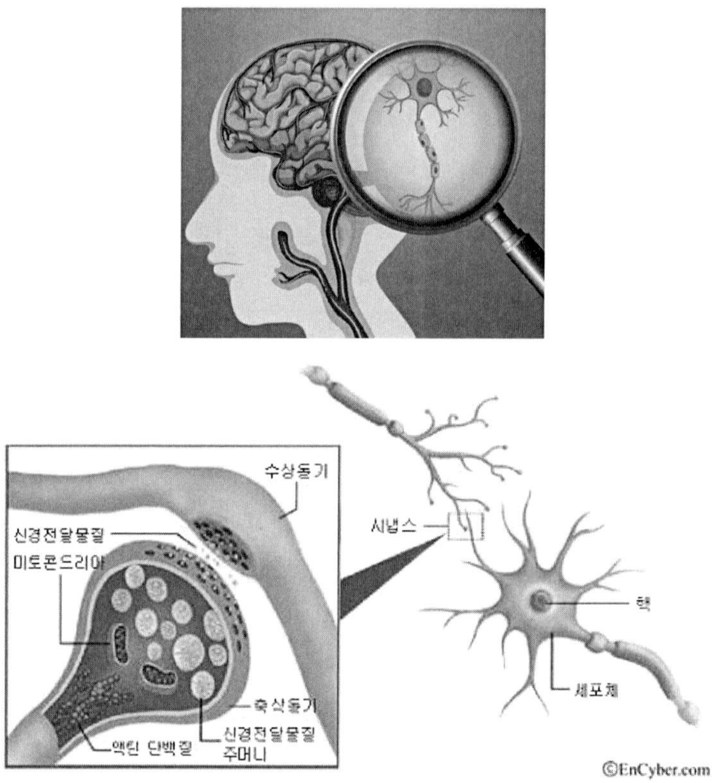

출처: EnCyber.com

▲ 뇌_뉴런(위), 뉴런_시냅스(아래)

기억(Memory)은 기명, 보유, 재생, 재인의 4가지 단계로 이루어진다. 기명(Memorizing)은 현재 체험하고 있는 전부가 기억되는 것이 아니라, 특별히 인상적이었던 것만 기억되는 것을 말하며[8], 보유(Retention)는 기명 된 것이 필요할 때까지 또는 어떤 기회에 의식의 표면에 떠오를 때까지 축적되어있는 상태를 의미한다. 보유하고 있는 과거 경험이 어떤 기회를 통해 생각나는 것을 재생(Recall)이라 하며, 과거의 경험을 틀림없이 자기가 경험한 것임을 인지하는 것을 재인(Recognition)이라 한다. 경험한 것을 떠올리고(재생), 인지하는, 즉 재인하는 결과를 가져온다. 재인과 관련된 재미있는 현상이 데자뷔(Deja Vu)라 불리는 기시감이다. 이는 장소나 공간 또는 상황이 과거 한 번도 경험한 적이 없는 데 언제인가 가보거나 경험한 것처럼 느껴지는 것인데 이는 일종의 의사재인(Pseudo Recognition)이라 할 수 있다.

앞서 말한 대로 기억은 신경세포의 접합 부위인 시냅스에 저장되며, 또 기억은 정보가 반복적으로 저장될 때 더 뚜렷이, 더 자세히 소환된다. 따라서 더 구체적이고 명확한 기억을 위해서는 반복 학습이 중요한 과제가 된다. 그런 면에서 보면 학습[9]도 일종의 기억 과정이라 할 수 있다. 개인차는 있겠지만 누구나 자신이 살았던 동네와 집, 다니던 학교와 운동장 등에 대한 기억이 있을 것이다. 과거의 경험에서 축적된 이런 기억들은 현재의 환경을 인식하고 경험하는 데 바탕이 되거나 기준이 된다. 주말 여행길에 우연히 들어가 본 어느 시골 학교 운동장에 서서 어릴 적

다니던 초등학교를 재생하고는 눈앞의 운동장이 기억 속 운동장보다 왜 그리 작아 보이는지 궁금해한다.[10] 기억은 개인적 차원을 넘어 여러 사람이 공유하는 이미지로 만들어지기도 한다.[11] 명동성당, 롯데타워, 동대문디자인플라자(DDP), 광화문 같은 도시의 랜드마크는 개인의 주관적 기억으로 남기도 하지만 그 장소를 경험한 많은 사람의 머릿속에 집합적 이미지를 만든다. 영화나 TV 드라마에서 보는 배경과 건물 역시 시청자들의 머릿속에 어떤 공통된 이미지로 남을 수 있다.

건축을 '시대를 비추는 거울'이라거나 '사회적 산물'이라고 할 때 우리는 건축이 지닌 기념비성을 떠 올리기 마련이다. 고대 그리스로부터 오늘날에 이르기까지 인간의 역사는 사건의 연속이었고 그때마다 건축은 인간의 '특별한' 성취나 경험, 욕망과 의지를 구체적으로 드러내는 수단으로 애용되었다. 마라톤 전투의 승리를 기념하는 아테네 보고(Athenian Treasury), 로마인의 생활방식과 문화가 새겨진 포럼(Forum), 피렌체의 영원한 왕조를 꿈꾸었던 메디치가의 산 로렌초 성당(Basilica di San Lorenzo)과 메디치 리카르디 궁(Palazzo Medici Riccardi), 인류 최초의 산업기술박람회장이었던 런던의 수정궁(Crystal Palace)과 근대공학 시대를 알린 파리의 에펠탑(Effel Tower) 등등 이 모든 건축물은 '기억의 전당'이다.[12]

근대건축의 담론에는 기억이 언급되지 않는다. '모던'이라는 세계관과 새로운 기술에는 오직 미래가 있을 뿐이었고[13] 지나간 시간을 회고하는 기억은 쓸모없고 거추장스러운 장식이나 다름

없었다. 하지만 19세기 중반까지만 해도 기억은 건축의 중심과제 중 하나였다. 빅토리아 시대 영국의 저명한 예술평론가였던 존 러스킨(John Ruskin, 1819~1900)은 기억을 건축을 밝히는(즉, 건축답게 만드는) 여섯 번째 등불이라 말한다. 러스킨은 인간의 망각이 건축을 통해 극복될 수 있다고 보았다. 건축이 인간이 생각하고 느끼는 것을 전할 뿐 아니라, 인간의 손이 다루었던 것, 인간의 힘이 만들어낸 것, 인간의 눈이 본 것을 제시한다고 생각했기 때문이다.[14]

인간은 학습하는 동물이다. 끊임없이 변화하는 환경에서 유전적으로 고정된 반응을 하면 생존과 적응에 심각한 장애를 겪게 되므로[15] 학습을 통해 유연한 대응을 계속함으로써 적응적으로 진화해 왔다. 자신을 둘러싼 환경에서 살아남고 적응하기 위해 다양한 측면의 학습을 해나간다는 것이다. 무엇을 먹을 것인가?, 어디서 살 것인가?, 누가 좋은 짝인가? 등의 선택 과정에서 학습은 중요한 역할을 하게 된다. '무언가 행함으로써 배운다'는 의미의 Learning by doing도 이를 두고 하는 말일 것이다.

과거의 경험이나 추억을 재생하면서 현재의 환경을 탐색하는 인간에게 도시는 단순히 '기능적 공간의 집합' 그 이상이다. 이런 관점에서 이탈리아 건축가 알도 로시(Aldo Rossi)는 새로운 도시건축을 개발하려면 이미 존재하는 건축을 연구해야 한다고 주장한다.

> "도시 그 자체는 도시민들의 집단적인 기억이고 기억과 마찬가지로 그것들은 대상과 장소들과 관련이 있다. 도시는

집단기억의 장소(locus)이다. 그 장소와 시민들 사이의 관계는 도시의 건축과 풍경의 압도적 이미지가 된다."[16]

살고 싶은 도시나 동네를 선택할 때 우리는 어릴 적 살던 동네 골목길을 떠올려 보거나, 평소 이사 가고 싶었던 도시에 관한 정보를 유튜브나 인터넷 등을 통해 살펴보기도 한다. 또 관심 있는 동네의 공인중개사 사무실을 방문해서 동네 분위기를 들어본다든지, 아니면 직접 골목이나 가로를 다녀보기도 한다. 이러한 환경 탐색도 모두 일종의 기억과 학습 과정이라 할 수 있다.

[미주]

1 홀 지음, 최효선 옮김(2000: 72).

2 감각운동기는 물체를 잡으려 눈과 손을 사용하며, 물체를 입으로 가져가는 등 자신의 움직임과 감각을 통해 외부를 알게 되는 단계이며, 전조작기는 표상에 의한 생각을 하는 단계로 내직으로 사상(event)을 표상하는 능력이 생기며, 언어발달, 상징적 사고, 자기 중심성, 비가역적 사고의 특성이 나타남. 구체적 조작기는 구체적 대상에 대한 논리적 사고능력이 길러지는 시기로, 가역적 사고와 다차원 분류 및 추론을 통해 결론에 도달하며 수의 개념을 이해하고 자신의 관점과 타인의 관점을 구별하는 능력을 지니게 됨. 형식적 조작기는 추상적 문제를 체계적으로 고찰하고 그 결과를 일반화하는 시기로, 가설 연역적인 사고, 가상의 것, 불가능한 것에 대해서 논리적 사고를 함 (이억범 외 6인, 2014, 2장).

3 단계별 사례를 들면 아래와 같다. 우는 아이는 자신의 욕구에 사람들이 무관심하다고 여겨 세상을 불신하게 됨(1단계). 호기심으로 세상을 보기 시작하는 아이가 자유롭게 경험할 수 있다면 자율성이 생기고 부모가 통제하거나 과잉보호를 하면 회의감과 수치심을 갖게 됨(2단계). 아이들은 자기 마음대로 하려고 하며, 부모가 매번 혼내고 의지를 꺾는다면 수동적, 내성적으로 될 수 있음(3단계). 초등학생 시기에는 노력하여 성취하면 근면성이 생기고 노력한 결과를 맛보지 못하면 열등감을 갖게 됨(4단계). 청소년기는 내가 누구인지 어디에 가치를 두며 살아야 할지 고민하는 시기이며 정체성을 획득하지 못하면 방황과 반항의 혼란을 겪게 됨(5단계). 성인 초기에는 사회생활, 결혼생활을 하게 되고 가족이 아닌 동료나 이성과 친밀감을

쌓을 수 있는가가 중요하며 친밀감 획득에 실패하면 나 혼자라는 고립감에 빠짐(6단계). 중년기로서 후배양성 등으로 영향력을 창출해 내면 성취감을 느끼고 남겨줄 것이 없다고 느끼면 정체와 침체에 빠질 수 있음(7단계). 노년기에는 조화와 진실을 마주하며 지혜롭게 사는가, 아니면 인생을 원망하며 사는가로 나누어 짐(8단계) (이억범 외 6인, 2014, 2장).

4 사고는 개념화, 구성화, 판단, 추리 등을 하는 인간의 이성작용을 말하며, 철학에서는 사유(reasoning)라는 용어를 선호한다.

5 전자는 피아제(Piaget)의 주장이고 후자는 구소련의 인지 심리학자였던 레프 비고스키(Lev Vygosky, 1896~1934))의 주장이다.

6 고대 그리스 배우들이 쓰던 가면에서 유래한 말로 person과 personality도 여기서 유래하였다. 심리학자 융(Carl Gustav Jung)은 '인간은 천 개의 페르소나를 갖고 상황에 맞게 꺼내 쓴다'고 하였다.

7 3장에서는 환경 정보의 지각-인지-태도의 연속적 과정으로 설명하였다.

8 능동적 기억과 수동적 기억이 여기에 해당한다.

9 학습이란 직·간접의 연습·훈련이나 경험의 결과 일어나는 행동의 지속적인 변화를 의미하며, 학습의 결과가 반드시 행동으로 나타나지는 않기 때문에 학습과 수행은 다르다. (이억범 외 6인, 2014, 3장).

10 키도 보폭도 커진 성인으로 느끼는 공간감과 유년기에 느꼈던

공간감은 당연히 다르다.

11 골드버그 지음, 윤길순 옮김(2011: 180).

12 주경철·민유기 외(2017).

13 1909년 2월에는 이탈리아 시인 필리포 마리네티(Fillipo Tommaso Marinetti, 1876~1944)가 '미래파 선언'을 발표하였고, 1914년에는 건축가 안토니오 생텔리아(Antonio Sant'Elia, 1888~1919)가 잡지 '미래파 건축'을 발간하였다.

14 Ruskin(1849: S11), 포티 지음, 이종인 옮김(2009: 324)에서 재인용.

15 예를 들어 위험한 포식자와 그렇지 않은 종을 구분하거나, 먹을 수 있는 것과 먹을 수 없는 것을 구별하게 되면 생존과 적응 개연성은 훨씬 높아지게 된다.

16 Rossi(1966: 130), 포티 지음, 이종인 옮김(2009: 333)에서 재인용.

2부

6장

집의 의미와 성격이 결정하는 집의 모습

"주거는 결코 하나의 대상물, '거주하는 기계'가 아니다……
주거는 세계의 모상이므로 상징적으로 세계의 중심에
위치하게 된다. 그것은 기하학적 공간이 아니라 전혀 다른
구조를 가진 실존적이고 성스러운 공간이기 때문이다."

멀치아 엘리아데[1]

01 인생의 베이스캠프, 집

예나 지금이나 삶의 기본 요건은 의식주다. 의복과 먹거리와 집은 인간다운 생활을 위한 최소한의 요건이란 뜻이다. 주에 해당하는 집(shelter)은 인간 활동을 담는 다양한 공간 중 가장 기본적인 수요다. 인생의 90%를 실내에서 보낸다고 보았을 때,[2] 먹고 자고 쉬고 배설하는 주거공간은 단독주택이든 아파트든, 옥탑방이든 거주자가 가장 친숙하게 느끼고 가장 오랫동안 시간을 보내는 제3의 피부[3]에 해당한다.

20세기의 가장 위대한 100인에 포함된 건축가 르코르뷔지에(Le Corbusier)는 산업혁명이 불러온 대량생산의 시대정신(Zeitgiest)을 간파하고 '집은 살기 위한 기계'라고 설파하기도 했지만, 집의 역사가 인류 역사만큼이나 오래되었다는 사실을 기억하면 집은

단순히 거주하는 물리적, 기능적 공간 그 이상임이 분명하다. 집은 우리가 태어나서 죽을 때까지 우리의 몸이 온기를 느끼고 마음이 위안을 얻는 인생의 베이스캠프라 할 수 있다.

사진: 대한민국 국가지도집 국토지리정보원

▲ 도시의 주거유형: 단독주택(위 왼쪽), 다세대 주택(위 오른쪽), 연립(아래 왼쪽), 아파트(아래 오른쪽)

인간이 집이라는 공간에서 그 자신의 실존을 경험하는 방식의 하나는 그것을 원초적 공간으로 바라보는 것이다. 철학자 하이데거(Martin. Heidegger, 1889~1976)는 세상에서 인간의 존재는 곧 거주함으로써 시작된다고 보았다.[4] 프랑스의 철학자이자 미학자인 가스통은 집을 육체이자 영혼인 동시에 커다란 요람으로 생각하였다. 인간의 삶도 집이라는 공간 속에 포근하게 숨겨지고 보호될 때 비로소 시작될 수 있다고 본 것이다. 또 프로이트(Sigmund Freud)가 집을 '자궁'으로 표현한 것이나, 스위스의 정신과 의사 융(Karl Gustav Jung, 1875~1961)이 집을 '동굴'로 인식한 것도 생존과 안전 확보의 기능을 넘어서는 집이 지니는 실존적 원초성을 지적한 것으로 이해할 수 있다. 집은 우리의 존재 자체로 그 자리에 있는 것이다.

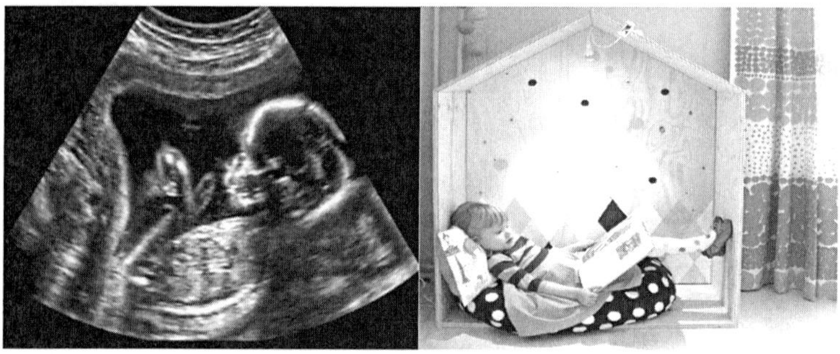

출처: wikimedia.commons

▲ 자궁속의 태아(왼쪽), 자궁을 연상시키는 아이방(오른쪽)

한자의 집 '우(宇)'와 집 '주(宙)'가 합쳐져 우주라는 단어가 되는 것을 보면 집을 하나의 우주로 생각하는 것도 우연은 아닐 듯싶다. 우리의 전통사회에서도 집은 하나의 우주로 인식되었다. 조상들은 전통가옥을 하나의 축소된 우주로 보고 입면을 삼등분하여 지붕을 상분, 기둥과 벽체를 중분, 기초와 지반을 하분으로 생각하고[5] 그 각각에 하늘(天), 사람(人), 땅(地)의 의미를 대응시킴으

로써 우주로서의 집이 완성된다고 본 것이다.[6]

집은 삶의 모형이자 그 자체가 개인의 취향을 드러내면서 자아(self)를 상징한다. 인간의 삶에서 자기존중과 자아실현의 욕구가 충족될 수 있는 가장 근본적인 공간이 집이다. 구체적으로 집은 그곳에 사는 이의 취향과 흥미, 인격과 삶의 흔적, 개성과 정체성을 드러내기 마련이다. 벽지의 색, 방의 가구, 거실의 장식과 기념품 등은 집주인의 마음과 성향을 읽어내는 단서가 될 수 있다. 가스통은 이러한 상황을 집(공간)과 주인(사용자) 간 공명(resonance)으로 여겼다.[7]

02 당신의 주거 만족도와 주거 욕구

집의 본원적 의미와 궁극적 가치는 3장에서 설명한 매슬로우의 욕구 사다리로 풀어낼 수 있다. 즉 주거공간에 대한 욕구 역시 생리적 욕구와 안전 욕구, 사회적 욕구, 지기존중 욕구, 자아실현 욕구로 세분할 수 있다. 물론 각각의 욕구가 어느 정도 충족되는가는 개인이 처한 주거상황, 즉 규모, 유형, 점유형식, 위치, 공간의 질 등 다양한 변수에 의해 영향을 받을 것이다.[8]

현재의 주거상황에 어느 정도 만족하는지 그리고 현재 주거 욕구가 어느 정도인지 알아보는 방법은 여러 가지 있겠지만, 간단하게 어휘 척도법(Semantic Differential)[9]을 사용할 수 있는데, 이는 조사대상자가 자기 기입식으로 평가항목별 만족도를 표시하는 방법이다. 즉, 만족도를 다섯 단계(척도) – 매우 만족(5점), 대체로 만족(4점), 보통(3점), 대체로 불만족(2점), 매우 불만족(1점) – 로 가로축에 쓰고, 평가 세부항목인 유형, 점유형식, 위치, 입지(주변 환경), 방의 개수, 공간 활용, 그리고 발코니나 정원 유무 등을 세로축에 넣어 매트릭스를 만들면 아래 표와 같다. 여기서 만족도의 평균값은 체크(√)된 점수들을 모두 더한(4+5+4+4+3+3+5) 값(28)을 평가 항목 수(7)로 나누면 4.0점으로 계산되며, 따라서 현재 주거상황은 '대체로 만족스러운' 수준으로 판단할 수 있다.

▶ 주거상황 만족도 평가(예시)

구분	매우 만족 (5)	대체로 만족 (4)	보통 수준 (3)	대체로 불만족 (2)	매우 불만족 (1)
1. 주거유형: 단독/아파트/연립/원룸/빌라		√			
2. 점유형식: 자가/전월세	√				
3. 주거위치: 시내/외곽/시골		√			
4. 입지: 주변시설과 환경		√			
5. 방의 개수:			√		
6. 공간의 활용:			√		
7. 발코니/테라스/정원유무	√				

출처: 페어팔(2015)을 참고하여 저자 작성.

주거 욕구 수준은, 매슬로의 욕구 사다리를 기초로, 안전, 휴식, 공동체, 자기표현, 환경구성, 심미성 욕구 등으로 구분하고 각각의 욕구와 관련되는 평가항목에 대해 표시하게 함으로써 정량적으로 분석할 수 있다. 예를 들어, 안전에 관련된 8가지 평가항목[10]을 사용하여 5점 척도로 진단양식을 만들면 아래 표와 같다. 같은 요령으로 휴식, 공동체, 자기표현, 환경구성 그리고 심미성 욕구에 대한 평가항목을 적용하면 이들 항목에 대한 욕구수준 분석도 가능하다.

▶ 주거 안전욕구 수준 진단양식(예시)

	매우 그렇다 (5)	대체로 그렇다 (4)	보통 이다 (3)	대체로 그렇지 않다(2)	전혀 그렇지 않다(1)
1. 집은 나의 안전한 동굴이었으면 좋겠다.					
2. 밖이 어두워지자마자 커튼/블라인드를 내린다. 누군가가 집안을 볼까 봐 불안하기 때문이다.					
3. 애완동물과 함께 살고 있다					
4. 다시 이사하고 싶다					
5. 여행 갔을 때 머문 호텔이 아무리 멋져도 제일 편하고 좋은 곳은 우리 집이다					
6. 집에 있더라도 항상 현관문을 잠근다					
7. 집에 누군가가 침입할까 봐 불안하다					
8. 집안을 샅샅이 다 알고 있다					

출처: 페어팔(2015: 59)을 참조하여 저자 작성.

위의 분석을 기준으로 보면, 거실, 방, 주방, 욕실, 현관 등 물리적 공간과 이들 공간을 사용하는 사람의 욕구가 조화를 이루는 집이 좋은 집이고 살고 싶은 집일 것이다. 건축가의 목적은 사용자의 욕구를 잘 담아내는 주거공간을 설계하는 데 있고, 이 목적이 달성되면 건축가가 만든 공간은 딱 맞는 옷처럼 사용자의 행태를 자연스럽게 담아낼 수 있게 된다. 공간에 대한 사용자의 요구라고 할 수 있는 '맥락(Context)'에 들어 맞는(Fit) 형태(공간)의 창조가 곧 '좋은 디자인'이기 때문이다.[11]

03 아파트 거주자가 주말여행을 기다리는 이유

오늘날 서민이 평생을 모아도 마련하기 쉽지 않은 '똘똘한' 아파트 한 채는 거주자의 취향과 개성을 반영하는, 그래서 집주인만의 삶의 모형이 되는 집과는 거리가 멀다. 고작 84형(m^2), 116형(m^2)으로 이야기되는 규모의 차이가 있을 뿐이다. 평형별로 같거나 매우 유사한 공간에서 생활하는 전국의 아파트 거주자들은 획일적 공간이 자신들의 삶을 규격화하고 표준화하는 것을 느끼지 못하거나, 아니면 당연한 것으로 여기고 무감각하게 '공장에서 찍어내는 듯한' 생활을 계속하는지도 모른다. 자신만의 취향과 개성을 리모델링을 통해 획일화된 아파트 공간에 녹여내려는 사람들도 있지만 이마저도 공사가 잘 됐다고 소문난 옆 동의 아파트를 비슷하게 베끼게 되는 한계를 벗어나기 힘들다.[12]

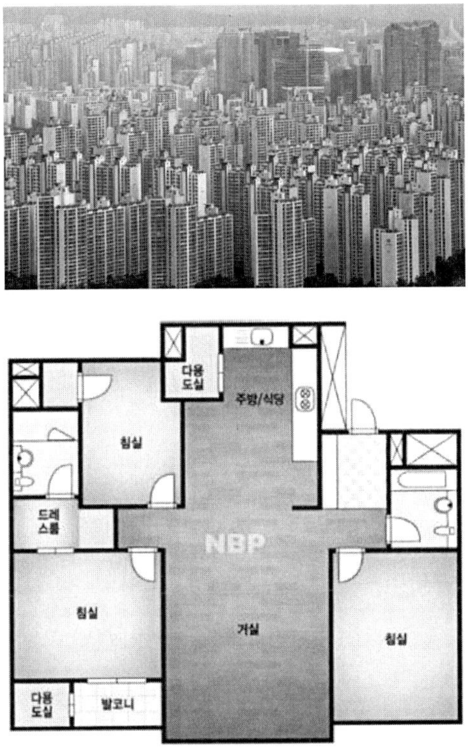

출처: 한겨레신문 및 네이버 부동산

▲ 아파트 숲(위), 획일적인 아파트 평면(아래)

규격화된 몰개성의 아파트 공간은 생활을 권태롭고 단순하게 만든다. 다람쥐 쳇바퀴 돌 듯 집-사무실-집-사무실의 반복으로는 결국 나만의 개성과 취향을 표현하고자 하는 바람이나 도시 생활의 스트레스에서 벗어나 '여유'를 찾고 싶은 욕구를 충족시키지 못한다.[13] 이것이 우리가 주말이나 휴가 때 멋진 호텔이나 콘도미니엄을 찾아가거나 아니면 오토 캠핑을 감행하는 이유가 아닐까? 또 상당한 경제적 출혈을 감수하면서 교외에 주말주택을 마련하는 이유가 아닐까? 일상탈출의 심리에는 평상시 집(아파트)에서는 느낄 수 없는 나만의 공간, 나만의 분위기, 나만의 느낌을 단 하루라도 누리려는 욕구가 자리 잡고 있다고 볼 수 있다. 물론 이러한 '장소차별'의 욕구는 복잡하고 피곤한 도시 생활을 피해 재충전을 하는데도 상당한 도움이 될 것이다 (9장에서 설명함). 따라서 지금과 같은 아파트살이가 계속되는 한 홈 어웨이 홈(home away home)의 여행추세는 계속되리라 본다.

04 성격이 원하는 동네와 집의 모습

우리가 공간이나 장소에 관련된 구체적 선택을 하는 데 영향을 주는 요인은 다양하다. 학교 졸업과 함께 직장에 들어간 사회초년생이 집을 구할 때는 아마도 직장까지의 교통접근성, 자신의 재정상태(지불 능력), 집의 규모와 내부 시설, 공간의 기능성과 편의성 등 여러 가지를 생각할 것이다. 집에 대한 그의 욕구와 필요는 이러한 요인에 의해 줄어들거나 변형되기도 한다. 이 의사결정 과정에서 그의 성격(Personality)은 중요한 개입변수가 된다. 즉 유전적 기질에 경험이 더해져 형성되는 성격이 공간이나 장소의 선택에서 중요한 변수가 되며, 그런 이유로 집이 곧 '자신'을 드러내는 수단이라는 말도 생겨났다.

내향적 성격의 사람은 번잡한 도심에서 벗어나 조용하고 한적한 교외 주거지를 선호하는 경향을 보인다. 주택 내부도 탁 트인 개방형 평면보다는 다소 폐쇄적인 느낌을 주어 소통보다는 사생활을 중시하는 유형이라 할 수 있다. 반면 외향적 성격을 가진 사람은 내향형보다 사회적 접촉이 잦은 도심의 답답한 아파트 공간에 잘 적응할 개연성이 높다. 내부도 이웃과 접촉이나 사교에 도움이 되는 개방형 주택을 선호한다. 외향형은 이웃과 우연한 만남과 대화에도 별로 심리적 부담을 느끼지 않는다. 대학의 캠퍼스 선호도 조사에서도 유사한 결과가 관찰된다. 미국 대학의 심리학과 학생을 대상으로 한 조사연구에서 외향적 성격의 학생일수록 개방적인 공간을 선호하는 경향이 강한 것으로 나타났다.[14]

성격유형과 선호하는 공간이나 디자인의 관계에 관한 흥미로운 연구가 텍사스 대학(University of Texas)에서 진행되었다. 실내디자인학과 91명의 학생을 대상으로 그들이 바라는 이상적인 집을 설계요소별로 조사하고 이를 MBTI[15] 성격유형에 적용한 결과, 매우 흥미로운 결과가 도출되었다.[16] 외향형 성격의 학생들은 실내로 들어갈 때 현관에서 바로 거실 등 생활공간으로 들어가는 방식을 선호하는 반면, 내향형 학생들은 복도나 로비를 통해 실내로 들어가는 방식을 선호하였다. 배치의 차이는 사고형 학생들과 감정형 학생들, 그리고 판단형 학생들과 인식형 학생들 간에도 뚜렷하게 나타났다. 사고형과 판단형 학생들은 질서 있는 격자형 배치와 합리적 외관이 강조되는 체계적 디자인을 선호하는 반면, 감정형과 인식형 학생들은 개방형 배치 평면과 직접 진입방식을 선호하였다. 또 외향형은 실(room)간 구분이 없거나 칸막이가 적은 공간구성과 개구부를 통창으로 처리하여 개방감을 선호하는 반면, 내향형은 실 간 구분이 분명하고 개구부도 개방감보다는 관찰에 유리한 창문이 있는 방을 선호하였다.

평면배치와 관련하여 감각형과 직관형 학생의 선호도 차이도 흥미롭다. 감각형 학생들은 질서가 뚜렷하고 체계가 잡힌 격자형 배치를 이상적이라 생각하는 반면, 직관형 학생들은 계단이나 우회 복도가 있는 평면을 더 좋아했다. 또 감각형의 경우 벽체의 마감이나 질감 등에는 별 관심을 두지 않으나, 직관형은 노출콘크리트와 같은 질감이 분명한 마감재를 선호하였다. 감각형은 위치가 분명히 드러나는 수납공간을 선호하는 반면, 직관형은 숨겨져 있는 수납공간을 선호하는 것으로 드러났다.

[미주]

1 엘리아데 멀치아 지음, 이은봉 옮김(1998: 80~81).

2 페어팔 지음, 서유리 옮김(2015: 166).

3 제1의 피부는 인체의 피부이고 제2의 피부는 옷이다.

4 세넷 지음, 김병화 옮김(2020: 184).

5 이는 서양 고전건축의 기둥양식인 오더(order)가 주두(capital), 주신(shaft) 그리고 기단(base)으로 구성되는 것과 비교된다.

6 강영환(1994: 261~287).

7 키드웰 지음, 김성환 옮김(2017: 79).

8 규모는 주택의 면적으로, 유형은 단독주택, 연립, 아파트, 빌라, 원룸 등으로, 점유형식은 자가, 전세, 월세 등으로, 위치는 시내, 도시 외곽, 농촌 지역 등으로 구분되며, 점유공간의 질은 사용하는 공간의 설비수준과 물리적 환경 등에 좌우된다. 이외에도 동거가족 수, 반려동물 양육 여부 등 비물리적 요인도 영향을 미칠 수 있다.

9 상반되는 의미의 형용사를 짝지어 5~9 등분한 척도를 사용하여 대상의 의미 구조를 분명하게 하는 방법으로 미국의 심리학자 오스굿(Charles E. Osgood, 1916~1991)이 고안하였다.

10 페어팔 지음, 서유리 옮김(2015: 59).

11 Alexander(1964).

12 동네에서 활약하는 리모델링 업체의 경험과 노하우가 기존 리모델링 사례를 자연스럽게 모방하도록 유도하는 통로이자 수단이 되기도 한다.

13 특히 소비 주체로 그 비중이 날로 증가하고 있는 MZ 세대는 자신만의 스타일과 취향을 드러내고자 하는 욕구가 무척 강하다. 그들에게 획일화되고 답답한 아파트나 원룸이 만족스러울 리 없다.

14 Oishi and Choi(2020).

15 개발자의 이름을 딴 마이어-브릭스 유형지표(Myers-Briggs Type Indicators)로 성격유형을 외향 대 내향, 감각 대 직관, 사고(생각) 대 느낌, 판단 대 인식의 기준으로 16가지로 구분한다.

16 키드웰 지음, 김성환 옮김(2017: 98~102).

7장

내가 일하고 싶은 사무실

"서로를 위해 자연을 정복하는 경우처럼 산업 분야의 발전을
위해서도 상호부조와 친밀한 교제 등이 늘 그랬듯이
상호투쟁보다 훨씬 더 이익을 준다."
표트르 크로포트킨[1]

01 산업혁명과 초기 산업도시의 풍경

근대 산업혁명이 인간과 도시에 미친 영향은 실로 엄청난 것이었다. 그중에서도 생산방식(Mode of Production)의 변화는 인간의 삶에 다원적인 변화를 불러왔다. 18세기 말 증기기관의 도움으로 공장기계화가 시작되면서 전시대의 도제식 생산은 분업에 의한 대량생산으로 바뀌었고, 인간 역시, 원했건 원하지 않았건, 이 새로운 시스템에 적응해야 했다. 도시가 산업생산의 본거지가 되면서 농촌의 잉여인력은 계속하여 도시 공장으로 유입되었고, 공장은 농촌 이주자들의 일터가 되었으며, 주변에는 불량한 노동자 주택들이 우후죽순처럼 생겨났다. 이것이 역사상 처음으로 주거(생활)와 노동(직장)의 분리가 시작된 초기 산업도시의 모습이었다.

초기의 산업도시는 한편으로는 공장노동자의 장시간 노동과 열악한 주거환경으로 빈곤과 환경문제, 전염병 등 여러 부작용에 시달렸다. 다른 한편으로는 산업자본과 금융자본의 급속한 성장에 힘입어 상업, 업무용 건축이 급증하였으며 상하수도, 철도와 도로 등 기반시설이 확충되면서 전 시대와는 확연히 다른 도시풍경을 연출하였다. 글래스고, 맨체스터, 리버풀, 시카고, 피츠버그, 디트로이트 등은 이 시기의 대표적 도시다.

02 업무공간의 진화와 직장인의 사무실 심리

공장노동자의 작업여건이 개선되고 사무실 근로자가 늘어나면서 도시인의 생활은 나인 투 파이브의 일(노동)과 주거(여가)로 양분되는 방식으로 점차 정착되었고, 업무공간은 직장인에게 제2의 장소[2]로 자리매김하였다.

승강기, 계단, 화장실과 설비 공간을 코어(core)로 구성하고 나머지 공간을 분할하여 업무용으로 사용하는 기준층 방식의 사무소 건축이 20세기를 앞두고 시카고에서 출현하였다. 윌리엄 베런 제니(William Le Baron Jenney, 1832~1907)와 루이스 설리번(Louis H. Sullivan, 1856~1924) 등 시카고 건축가들은 반복되는 기준층을 승강기로 수직이동하는 고층 오피스 건축을 정형화하였고, 설리번의 홈 인슈어런스 빌딩(Home Insurance Building, 1884)이 대표적 사례로 유명하다. '형태는 기능에 따른다'(Form follows function.)는 기능주의 슬로건이 나온 것도 이즈음의 일이다.

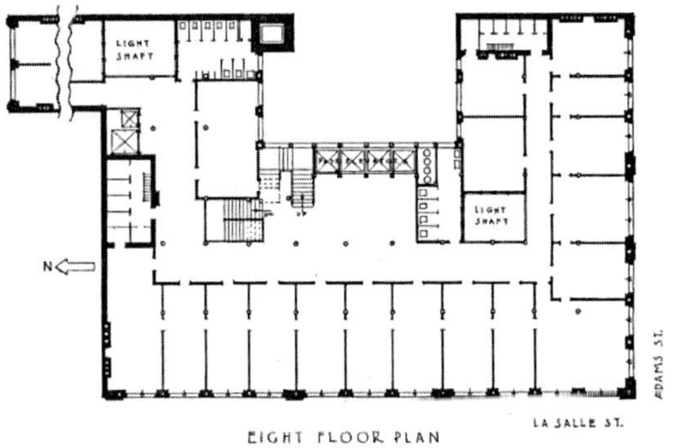

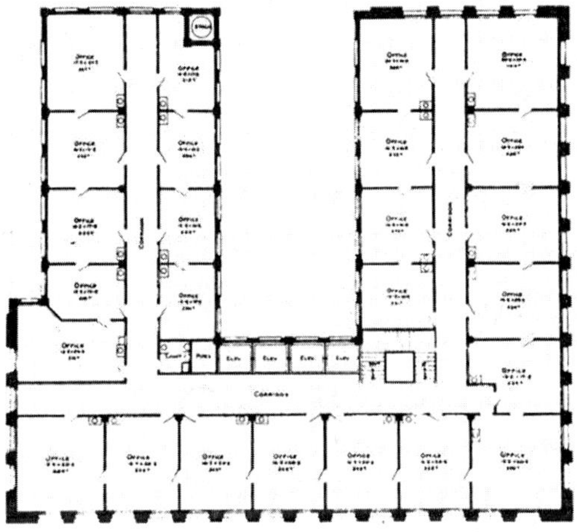

출처: wikimedia.commons

▲ 홈 인슈어런스 빌딩 기준층(위), 웨인라이트 빌딩 기준층(아래)

기준층의 수직적 반복이 주는 규격화와 획일화, 그리고 칸막이 된 실(room)의 독립성은 업무집중도와 효율성을 높이는 데 일대 혁신을 가져왔다. 그러나 사무실 근무자의 욕구와 니즈 측면에서 보면, 복도를 따라 길게 늘어선 폐쇄적인 사무실은 답답함

그 자체일 뿐만 아니라, 동료나 상사와의 소통과 협력도 원활하지 않은 문제점이 있다.

폐쇄형 사무실과 대조적인 유형이 오픈 오피스(open office) 즉 개방형 사무실이다. 이는 코어 공간을 제외하고 실 간 칸막이를 없애거나 최소화하여 개방감을 확보하는 방식이다. 1960년대에 도입된 이 방식은 사용자에게 시각적 개방감과 함께 동료나 상사와의 소통과 협업에 유리한 환경을 제공하는 진보적 디자인 개념으로 환영받았다.[3] 폐쇄형 사무실보다 공사비가 저렴하다는 장점도 빠지지 않고 언급된다.

하지만 개방형 사무실은 공간이 전체적으로 탁 트인 관계로 개인별 영역확보가 어렵고 자신이 무엇을 하고 있는지를 모두가 보고 들을 수 있다는 불안감을 줄 수도 있다. 이런 불편한 상황이 계속되면 동료와의 대화는 짧아지고 피상적으로 되기 쉬우며, 점점 온라인의 비대면 소통수단에 의존하게 된다. 스마트폰이나 SNS를 사용한 온라인 소통은 상대방의 목소리와 표정을 읽을 수 없어 대화의 질과 공감 능력은 떨어지기 마련이다. 친밀감과 소속감보다는 심리적 위축과 소외감이 커지는 결과를 가져올 수 있다. 더군다나 오픈 오피스는 과도한 소음과 산만한 주변 환경으로 업무집중도가 저하되고 심하면 스트레스에 시달리는 문제도 있다.[4]

출처: wikimedia.commons

▲ 오픈 오피스의 평면(위), 내부 예시 그래픽(아래)

직장인에게 사무실은 자신의 생산(소득 창출)과 정체성을 보장하는 일정 수준의 프라이버시와 영역이 요구되는 공간인 동시에, 동료나 상사와 대화하고 협력하는 사회적 집촉의 공동체적 장소이기도 하다. 직장인은 상반되는 이 두 가지 욕구를 동시에 충족시키고 싶어 한다. 먼저, 데스크에서 수행하는 업무집중과 효율 그리고 일정 수준의 프라이버시 유지를 위해 개인의 공간으로서 사적 영역은 필요하다는 점이다. 소음이나 시각적 불편함(시선)은 심리적 부담과 스트레스를 유발할 뿐만 아니라 업무 효율성도 떨어뜨린다. 따라서 차음재나 칸막이(파티션) 등을 설치하여 흡음과 시선 차단을 제공해야 한다. 이 사적 영역은 자신의 개성이나 성격[5]을 표현하는 공간이기도 하다. 업무는 개인적으로 하되 고립

(배제)은 원하지 않는다. 동료와의 대화, 협업, 팀 작업을 위한 공간도 필요한데, 회의실, 휴게실, 탕비실이 그런 역할을 할 수 있다. 업무시설은 소속감도 키우면서 사회적 공동체를 충실히 담아내는 장소로도 기능해야 한다.

03 업무공간 좌석 배치와 구성원 간 소통

사무실 공간의 구성방식 못지않게 직장인의 심리에 영향을 미치는 것이 자리 배치 방식이다. 건축심리학자인 데이비드 칸트(David Canter)는 사무실의 데스크 배치를 개방형, 별형, 직선형 그리고 원형의 4가지 유형으로 나눈다.[6]

출처: 칸트(1997: 162~165).

▲ 개방형(왼쪽 위), 별형(가운데 위), 원형(오른쪽 위), 직선형(아래)

개방형은 각자가 다른 모든 사람과 대화하고 소통하는 자리 배치로서, 모든 정보는 모두에게 제공되고(정보 대칭) 대등한 위치에서 개방적이고 민주적인 인간관계를 띠는 경향이 있다. 별형(Star Type)은 가운데 위치한 사람(E)을 중심으로 둘레의 사람들과 소통하게 되므로, 모든 정보는 E를 거치게 되어 소통은 계층성을 보인다(정보 비대칭). 따라서 가운데 사람의 의도에 따라 구성원 간 관계는 독선적이거나 폐쇄적이 될 수도, 개방적이거나 민주적이 될 수도 있다. 직선형은 중심의 두 사람(C, D)이 별형의 가운데 사람(E)의 역할을 하게 되고 각자의 뒷사람(A, B와 E, F)과는 계층적 구조를 가지게 되는 방식이다. 예를 들어 가운데 C와 D가 부장이라면 B와 E는 과장에 해당하고, A와 F는 사원에 해당한다. 마지막 유형은 원형으로 좌석이 배치되어 얼핏 개방형과 비슷하나 시선이나 소통은 옆 사람하고만 이루어지게 된다. 따라서 구성원 간 소통이 제한적이고 왜곡되기 쉬우며, 계층적 질서도 미흡하여 누구도 조직에서 지배적 역할을 하기는 어렵다.

04 성공하는 사무실, 실패하는 사무실

우리의 도시에서 개인의 업무영역을 일정수준 보장하면서도 소통과 협업의 공간을 적절히 배치하는 사용자 중심(User-oriented)의 오피스 건축사례를 찾기란 쉽지 않다. 기업의 사옥을 제외하면 대부분 임대용 사무실인 상황에서, 건물주의 태도는 결정적이다. 즉 건물주는 법규(건폐율과 용적률)가 허용하는 범위에서 최소비용으로 최대 수익을 만들기 위해 임대공간을 최대한으로 늘리려 하고, 설계 계약서상 을의 위치인 건축가는 그의 요구를 뿌리치기 힘들기 때문이다.

경제적 수익이나 공간의 효율성보다 인적자원으로서 직원의 중요성을 더 중시한 건축사례로 네덜란드 건축가 헤르만 헤르츠버거(Herman Hertzberger)[7]가 아펠도언(Apeldoon)시에 설계한 센트럴 비히어 보험회사(Central Beheer office Building, 1972) 건물을 들 수 있다. 이 건물은 타탄 그리드(Tartan Grid)위에 콘크리트 블록을 쌓은 하나의 '인공 언덕'처럼 보인다. 중앙의 코어 (승강기, 계단실, 화장실) 주위에 양변이 9m인 모듈 블록을 4개씩 배치하는 방식으로, 마치 레고 블록을 쌓는 것처럼 설계되었다. 또 모듈설계는 필요하면 블록(업무공간)을 추가하거나 제거할 수 있도록 하여 변화하는 공간 수요에 맞게 생산성이 향상되도록 하였다.

출처: wikimedia.commons

▲ 센트럴 비히어 보험회사 전경(왼쪽), 내부(오른쪽)

건축주인 보험협동조합은 1,000여 명이 일하는 이 오피스에서 직원 각자가 외롭지 않고 공동체 의식을 느낄 수 있도록 공간 구성을 요구하여 회사를 일종의 '직원 마을'로 만들고자 했다. 8~10명의 소그룹별로 업무공간을 꾸미고 개인화하도록 함으로써[8] (그룹별) 개성과 영역성을 강화하였고 이는 곧 직원의 (업무)효율을 높이는 데 기여한다. 또 업무공간을 사용자가 원하는 대로 변경하거나 확장할 수 있게 하여 만족도를 높이는 동시에 공간 활용의 자유도를 높였다.

에어비앤비(Airbnb)와 우버(Uber)로 대표되는 공유경제[9]가 새로운 경제 대안으로 떠오르면서 오피스에도 제3의 유형이 나타났다. 폐쇄형과 개방형을 섞어놓은 것 같은 공유 오피스가 그것인데 프라이빗(Private) 오피스, 전용 데스크, 핫(Hot) 데스크 등으로 구성된다.[10] 전용 데스크와 프라이빗 오피스는 명칭에서 알 수 있듯이 한 사람 또는 소수에게 배타적 업무공간을 제공한다. 사용자는 별도로 된 룸이나 칸막이로 지정된 자신의 데스크에서 임대기간 동안 공간을 원하는 대로 꾸미거나 개인화할 수 있으며, 따라서 영역성이 잘 지켜진다.

핫 데스킹(Hot-desking)은 필요할 때 그때그때 자신의 노트북을 가져와 공용 라운지 같은 개방공간의 빈 데스크를 일시적으로 사용하는 방식이다. 1980년대 후반 실리콘밸리에서 시작되어 최근에 IT와 인터넷 대중화에 힘입어 세계적으로 퍼지고 있는 이 방식을 선호하는 사람들은 (아마도 고용주) 탁 트인 공간에서 자유롭게 사람들과 대화하고 접촉하면서 정보와 지식을 공유할 수 있고 공간도 훨씬 유연하게 사용할 수 있다고 설명한다. 또 해외업무의 경우 글로벌 체인의 공유 오피스를 자유롭게 사용할 수 있는 장점도 있다고 주장한다.

앞서 설명한 사용자의 두 가지 심리적 욕구, 즉 업무공간의 영역성과 회사(공동체)의 소속감 확보라는 차원에서 보면 핫 데스킹을 바람직한 유형으로 보기는 힘들다. 지정된 개인 공간이 없기에 업무에 필요한 물건을 둘 수도 없고 작업내용을 기록해둘 수도 없다. 파티션도 없이 오픈된 테이블에 자신의 영역을 만들 수도 없으니 공간의 개인화 역시 힘들다. 스치듯 만나고 헤어지는 사람과는 안정적인 인간관계를 이어가기 어려워 소외감이 커지고 회사에 대한 소속감은 떨어질 수밖에 없을 것이다.

출처: https://www.wework.com/ko-KR

▲ 프라이빗 오피스(위 왼쪽), 전용데스크(위 오른쪽), 핫-데스크(아래)

05 사무실 조명과 근무자의 만족도

건축가에게 빛, 즉 조명은 매우 중요한 설계 어휘의 하나다. 같은 공간이라도 조명에 따라서 사용자의 느낌과 만족도는 다르기 때문이다. 롱샹 교회 설계에서 르코르뷔지에가 내벽의 창은 크게 하고 외벽의 창을 작게 한 것은 아마도 실내로 들어온 빛을 확산시켜 순례자의 느낌, 즉 종교적 감흥을 높이려는 의도였을 것이다. 사무소 건축에서도 자연조명을 잘 활용하여 작업자의 피로감을 낮추면서 몰입도를 높이는 효과를 거둔 사례는 많다. 대표적으로, 라이트(Wright)는 존슨 왁스 본사(Johnson Wax Headquarters, 1939) 설계에서 버섯 모양의 기둥을 제외한 천창으로 자연채광을 두어 작업자의 집중도와 생산성을 높이도록 하였다.

출처: wikimedia.commons

▲ 존슨 왁스 빌딩 자연채광

자연조명은 인공조명보다 업무 능력에 훨씬 더 긍정적 영향을 준다. 사무실 공간이 태양광에 많이 노출될수록 직원들은 더 적극적이 되고 더 행복감을 느낀다. 반면 인공조명은 너무 흐리거나 너무 밝은 경우가 많아 자연채광보다 만족도가 떨어지는데, 인공조명이라도 따뜻한 느낌의 LED 조명은 우울감과 피로감을 낮춰주는 효과가 있어 기분, 주의력과 인지능력에 더 긍정적 영향을 준다고 한다.[11] 최근 주택, 학교 등 기존 건물의 일반조명을 LED 조명으로 교체하는 사례도 이와 무관하지 않을 것이다.

출처: wikimedia.commons

▲ 자연채광(위 왼쪽), 일반조명(위 오른쪽), LED 조명(아래)

[미주]

1 크로포트킨 지음, 김영범 옮김(2005: 347).

2 올든버그는 집을 제1의 장소, 직장을 제2의 장소 그리고 이웃이나 친구와 만나고 교류하는 커뮤니티센터, 동네 어귀의 카페, 선술집(tavern), 펍(pub) 등을 제3이 장소로 정의한다 (올든버그 지음, 김보영 옮김, 2019). 역사적으로 보면, 로마시대 상점이었던 타베르나(Taberna)에서 유래한 선술집(tavern)이 18세기 영국과 미국에서 도시 사회의 변화와 혁신을 이끄는 공론장의 역할을 한 것으로 보기도 한다(존슨 지음, 홍지수 옮김, 2017: 354~366) .

3 스티브 잡스(Steven P. Jobs, 1955~2011)는 1999년 1,000명을 수용하는 픽사(Pixar) 본사 건축을 위해 빌 게이츠의 워싱턴 주택을 설계한 보린 키윈스키 잭슨(Bohlin Cywinski Jackson)을 영입하였다. 잡스는 건물 중앙에 화장실을 배치하여 '사람 간의 접촉과 비계획적 협력'을 최대한 유도하려 했다. 접촉과 협력이 잡스의 핵심 디자인 개념이었던 셈이다.

4 크게 울리는 전화벨 소리 정도인 55데시벨 이상의 소음은 우리의 중추신경계를 자극하여 스트레스를 유발한다 (허츠 지음, 홍정인 옮김, 2021: 205).

5 예를 들어, 성실한 직장인은 자신의 데스크를 헝클어짐 없이 깔끔히 정리하는 편이며, 개방적이고 사교적인 직장인은 데스크를 자유분방하고 개성 있게 꾸미는 경향을 보인다.

6 칸트 지음, 허동국 옮김(1997).

7 네덜란드의 건축가로 구조주의 인류학자 레비-스트라우스(Claude Levi-Strauss)의 영향을 받아 구조주의 건축 경향을 보여준다. 2012년 영국왕립건축가협회(RIBA)로부터 골드메달을 수상하였다.

8 소그룹별 근무 방식은 당시 유럽의 직장인 사회에서 일반적인 경향이었다.

9 소비가 생산을 따라가지 못하는 과잉생산의 저성장 여건에서 제시된 일종의 대안 경제이며, 공유는 공동소유가 아니라 공동사용 즉 '공용'의 의미이다.

10 서울, 부산 등 대도시 위주로 공유 오피스가 증가하고 있으며, 최근에는 코로나 19로 재택근무가 늘어나면서 확산 추세가 더 가속화되고 있다.

11 키드웰 지음, 김성환 옮김(2017: 296~296).

8장

배우고 싶은 학습 공간

> "1930년대 바우하우스의 교사들은 일상생활과 미술 그리고 그 밖에 많은 과목을 통합해서 수업을 진행하려고 노력했다…… 교육의 목적은 '전인'을 길러내는 데 있어야 한다. 전인이야 말로 축적된 인간경험을 한데 집약하여 전인성(wholeness)을 통해 한 조각 광휘로 타오르게 할 수 있는 사람들인 것이다. 통합교육이 이루고자 하는 바는 오로지 그것 하나이다."
>
> **루번스타인·루번스타인**[1]

01 구석진 자리를 좋아하는 학생들

다양한 공간을 사용하는 사람들의 자리선택 방식은 개인의 성향과 공간 점유의 목적을 동시에 반영한다. 가로변 카페에서 대화하면서 밖을 볼 수 있는 창가 테이블이 인기가 높은 이유는, 그 자리가 친구, 동료와 커피를 마시는 목적뿐만 아니라 타인의 시선을 피하면서 밖을 보고 싶은 욕구를 동시에 충족시키기 때문이다. 식당의 한 가운데 테이블에 앉아 음식을 먹는 것을 꺼리는 사람들이 의외로 많다. 다른 손님들의 시선을 받으면서 앉아 있기 부담스럽기 때문에, 가장자리가 먼저 차고, 가운데 자리는 맨 마지막에 차게 된다. 도서관 열람실에 개인 칸막이가 설치되는 이유도 비슷한데, 집중이라는 목적을 위해 영역을 제공하고 남의 시선을 차단하기 위한 것이다.

대학의 강의실은 왜 가장자리부터 먼저 채워질까? 강의실 자리선택에서 학생의 성격이나 성향은 중요한 변수로 작용한다. 학생은 수업시간 동안 자신에게 가장 중요한 것은 무엇인지 생각한다. 구체적으로 강의내용을 이해하는 것은 물론이고 교수와의 소통도 중요하게 생각하는지, 아니면 교수나 동료 학생의 시선이 주는 부담이나 부끄러움을 회피하는 것이 더 중요한지 비교하여 자리를 선택할 것이다. 교수나 친구의 시선이 부담스러운 소극적이고 내성적 성향의 학생은 뒷자리나 가장자리를 선호하기 마련이다. 또 자신만의 영역을 만들려는 성향이 강한 학생 역시 가장자리를 선호하는 경향이 강하다. 반면 적극적이고 사교적인 외향성의 학생일수록 학습 참여도가 높으며, 또 이런 학생은 액션 존(action zone)이라 불리는 앞쪽 가운데 자리를 선호한다. 이 유형의 학생은 교수의 질문에 부담을 덜 느끼며 적극적으로 토론에 참여하는 성향도 강하다.[2]

출처: wikimedia.commons

▲ 대학의 전형적인 강의실

출처: wikimedia.commons

▲ 고등학교의 전형적인 교실

02 자아실현과 공동체의 훈련장으로서 학교

교육의 기능과 역할에 대해서는 다양한 관점과 견해가 있지만,[3] 대체로 개인적 기능과 사회적 기능으로 나눌 수 있을 것이다. 교육의 개인적 기능은 개인의 성장, 발달, 자아실현에 공헌하는 측면을 의미한다. 지식을 습득하여 일류 대학에 진학하고 자격증을 따서 좋은 직장을 얻고자 하는 욕구가 바로 개인적 기능의 대표적인 측면일 것이다. 사회적 기능은 교육을 통해 개인의 사회성을 고양하려는 의도를 지닌다. 사회적 존재로서 개인은 사회화 과정 즉, 사회구성원으로서 성장, 발달해가면서 그 사회의 규범과 가치를 내면화하고, 공동체가 요구하는 생활양식에 따라 행동하게 되는 과정을 거친다. 이런 맥락에서 학교는 사회화를 준비하는 제도(Institution)가 되어야 한다.

그동안 우리의 교육은 학생들이 경쟁적으로 지식을 쌓아 사회진출을 하도록 돕는, 말하자면 개인적 기능을 육성하는 역할을 충실히 수행해왔다. 오바마 대통령도 부러워한[4] 교육시스템이 있었기에 단기간에 경제성장을 이루는데 결정적 역할을 한 양질의 인적자원을 길러낼 수 있었다. 우리나라가 60여 년도 채 되지 않은 단기간에 선진국 대열에 합류할 수 있었던 것은 부모들이 희생과 헌신으로 쌓아 올린 자식 교육의 성과 덕분이라 해도 지나친 말은 아닐 것이다.[5] 성적향상, 더 정확히 말하면 고득점을 위한 학생들의 분투는 오늘도 그치지 않는다. 방과 후 시간은 보습학원 순례로 이어지고, 고학년이 될수록 대학입시가 다가올수록 학생과 학부모의 긴장감은 더해 간다.

수십 년 동안 국·영·수 중심의 입시교육에 매몰되는 동안 사회적 기능, 즉 공동체의 일원이 되기 위한 교육은 상대적으로 소홀한 것이 엄연한 현실이다. 학교는 보습학원과는 달라야 함에도 여전히 학원처럼 인식된다. 인간의 마음이 욕구(Desire), 에고(Ego) 그리고 우리(We)로 구성된다 할 때, 학교는 단순히 지식전수를 위한 학습의 장을 넘어, 사회적 기능의 무대로서 의식적 자아로서 '에고', 즉 타인과의 이해관계를 조절하고, 공동체적 자아로서 '우리', 친구나 교사와 함께 소통하고 협력하는 공간이 되어야 함은 지극히 당연하다.[6]

학교는 아이들이 학업 성취는 물론이고 사회성을 기르는 충분한 기회를 제공해야 한다. 교육과정도 공간설계도 이 두 가지

원리를 존중해야 한다. 교사가 교탁 앞에서 일방적으로 교재 내용을 주입식으로 설명하고 학생은 이를 받아 적어 기억하고 시험에서 그대로 재생하는 방식의 '무대 위의 현자(Sage on the Stage)' 모델은 20세기 산업화시대에 주효했던 낡은 학습방식이다.[7] 과거의 학교는 교사의 일방적 설명을 학생들이 수동적으로 받아들이고, 학생들을 교사가 잘 감독할 수 있는 방식으로 배치되고 설계되었다.[8] 학교 공간을 교사건물과 운동장으로 구분하였고, 교실은 장방형의 획일적 평면으로 설계되었으며, 책상과 의자는 교탁을 바라보고 오와 열을 맞추어 직각으로 자리 잡았다. 과학, 음악, 미술 등 특별교실도 시설과 테이블, 기자재 등만 달랐지 배치의 방식은 대동소이하다.

최근 교육부가 기존의 공급자 중심의 획일화된 공간을 '상상력을 자극하는 다양한 수업이 가능한 교실 및 개방형 창의·감성 휴게·학습 공간으로 조성'하기 위해 '학교공간혁신사업'을 시작한 일은 다행스럽다.[9] 학교별 '학교공간혁신추진협의회'가 관할 교육청의 '학교공간혁신사업단'과 협력하면서 학생과 교사와 함께 현장방문, 워크숍, 퍼실리테이션 등을 통해 개선 방안을 도출함으로써 사용자인 학생과 교사의 마음과 욕구를 공간설계에 반영하는 것이다.

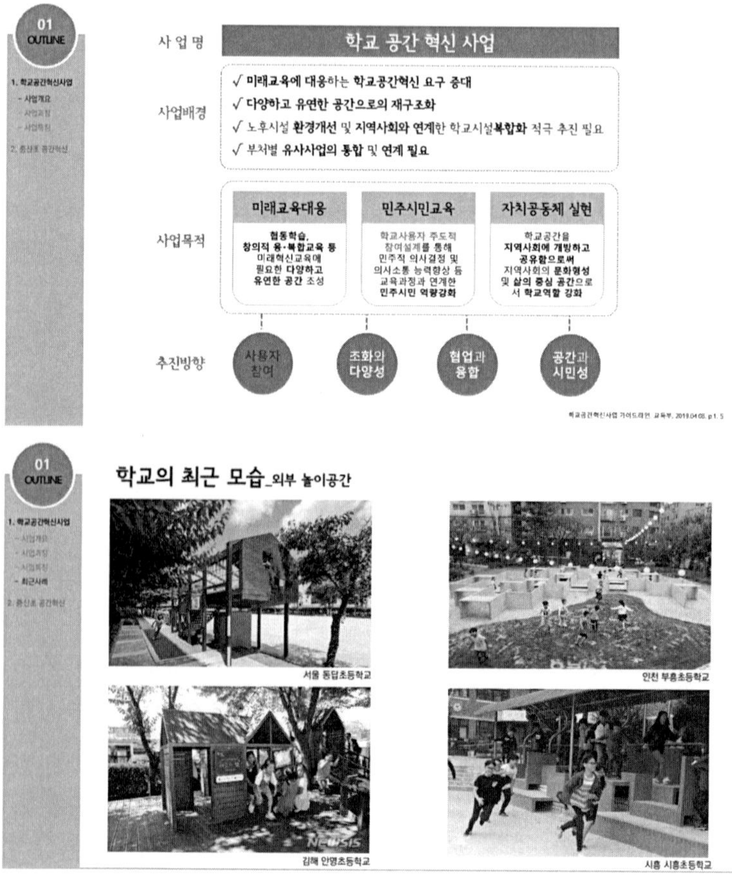

출처: 전주 중산초등학교(2019).

▲ 학교공간혁신사업 개요 및 사례

03 마음을 담는 학습 공간 계획

앞서 강조한 대로, 학습자의 마음을 충족시키려면 학교는 무엇보다 개인의 자아실현을 위한 교육뿐만 아니라 친구나 교사와 교류하면서 사회성을 키워가는 공동체적 역량도 길러주는 공간으로 기능해야 한다. 과거 우리의 학교건축은 이 두 가지 역량배양을 뒷받침해 왔다고 보기 어렵다. 학교배치 방식은 1960~1970년대의 일자형 배치로부터 1980년대 이후 H자형, ㄱ자형, ㄷ자형으로 변화하였으나,[10] 교실은 획일화된 편복도형에서 크게 벗어나지 못하고 있다.[11]

학교건축 설계를 맡은 건축가는 관련 법규[12], 교육과정 편제 지침, 교육청의 요구사항을 준수하면서 설계를 진행하지만 정작 주된 이용자인 '학생의 욕구와 니즈'를 분석해서 반영하는 일에는 인색한 편이다. 건축가가 형식적, 절차적 건축주인 교육청과의 소통에만 충실할 경우 내용적, 실질적 클라이언트인 학생 중심의 설계는 어려울 수 있다. 여기에 더해 건축가의 디자인 사고방향이 학생의 심리와 행태보다 건축형태와 공간 그 자체에 더 치중하게 되면 이용자 중심의 과학적 설계는 더 멀어지게 된다.

학교를 '자아실현과 공동체성 함양의 환경 무대'로 만들기 위해서는 교사와 체육장의 최소기준 등 관련 법규와 지침은 물론이고, 학교운영방식[13], 블록 플랜(Block Plan), 교실 계획을 포함한 여러 분야에서 많은 변화가 필요하다. 학습 잠재력과 동기를 극대화하는 동시에 소통과 팀 작업의 촉진공간이 되려면 교실은 어떤 방향에서 설계해야 할까?

우선, 편복도를 따라 획일적으로 배치되는 장방형 교실의 변화가 요구된다. 혈류 변화를 감지하여 뇌의 어떤 부위의 신경이 활성화되는지 알아내는 자기공명영상(FMRI)기술을 활용한 연구결과[14]는 우리의 뇌가 장방형의 방보다는 곡선형의 방에서 더 잘 활성화된다는 것을 알려준다. 즉 교실 형태를 곡선형으로 했을 때 감정반응 신경인 전방대상피질(Anterior Cingulate Cortex, ACC)이 활성화하게 되어 더 아름답고 쾌적하게 느낀다는 것이다. 학생들은 획일적으로 규격화된 개인 책상과 의자가 주어지는 현재의 정적인 교실보다 곡선형의 개방적 교실에서 자신이 원하는 활동을 함으로써 더 적극적으로 변할 수 있다.

공간의 개방감도 두뇌 활동의 중요한 변수로 작용한다. 상대적으로 넓은 공간에 있으면 '틀을 깬 사고'를 할 개연성이 높다. 예를 들어 한 변 길이가 1.5m의 정육면체인 닫힌 방안에서 생각해낸 답은 방 밖에서 생각해낸 답보다 창의성이 떨어질 수 있다.[15] 교실 천장 높이의 경우, 낮은 천장보다는 높은 천장이 뇌의 활성화에 더 도움이 된다. 천장이 높은 방에서 개방감을 더 느끼게 되고 시공간적 탐색이 활발해져서 주의력 집중이 좋아진다는 것이다.[16] 따라서 학생들의 주의력 집중과 몰입을 감안하면 교실, 도서관 등 학습 공간의 천장은 충분한 높이가 확보되어야 할 것이다. 마찬가지로 사면이 벽으로 둘러싸인 폐쇄형 교실 역시 변화가 필요하다. 답답한 폐쇄공간에 오랫동안 있게 되면 스트레스 호르몬인 코르티솔이 분비되고, 이 상태가 계속되면 교실을 뛰쳐나가고 싶은 충동을 느낄 수도 있다.

출처: wikimedia.commons

▲ 개방적 느낌의 교실(위), 폐쇄적 느낌의 교실(아래)

경제가 지속적으로 성장하고 소득수준이 높아지면서 우리의 교실 환경은 50~60명의 학생이 한 교실에서 공부하던 70~80년대보다 상당히 변화되고 개선되었다. 교실 면적은 그대로인데[17] 학생 수가 30명 내외로 줄면서 밀도가 낮아졌고 쾌적성은 향상되었다. 그러나 경직된 분위기는 여전하고 편안함과 안락감도 미흡하다. 학생의 인체치수(Human Dimension)에 맞고 재료나 쿠션이 양호한 의자와 책상을 제공함으로써 집중력과 학습효과를 높이는 방안이 필요하다.

교실에 식물이나 화분 등 자연요소를 도입하는 것도 바람직한데, 이는 4장에서 설명한 대로 인간의 본능적 자연사랑 즉 바이오필리아(Biophilia)에 근거한 고려이다. 교실과 복도의 창호의 크기를 조절하여 확보할 수 있는 자연채광은 학습효과를 높이는 데도 매우 중요하다. 미국 학생들을 대상으로 실험한 결과 자연채광이 있는 교실에서 공부한 아이들이 그렇지 않은 환경의 아이들보다 학습역량이 20~26% 더 높았다.[18]

출처: wikimedia.commons

▲ 자연채광을 이용한 교실(위), 녹색 요소를 도입한 교실(아래)

수동적으로 교사의 설명을 듣고 이해하는 것이 '배움'의 전부는 아니다. 학생의 호기심과 창의성을 불러일으키는 학습 공간이 요구된다. 교과 내용 따라 다양하고 유연한 학생활동이 가능하도록 설계해야 한다는 뜻이다. 예를 들어 한 교실에서 먼저 교사의 설명을 듣고, 그룹별 작업을 한 다음, 일정 시간 개인 작업을 하고 다시 그룹별 작업을 거쳐 그룹별 발표와 교사의 평가로 마무리되는 수업을 가정해 보자. 동일 공간에서 서로 다른 활동이 원활히 수행될 수 있도록 하는 데는 활동의 유연성과 이동성이 보장되어야 한다. 이를 위해 먼저 책상, 테이블, 의자, 화이트보드, 빔 프로젝트 등 가구는 교과 내용과 학생들의 니즈에 맞게 이동할 수 있도록 해야 한다.

출처: wikimedia.commons

▲ 딱딱한 느낌의 교실(위), 유연성과 이동성이 고려된 교실(아래)

단차를 두거나 낮은 파티션을 이용하여 시각적 영역을 확보하면서, 필요한 경우 언제나 그룹으로 협동 작업이 가능하도록 이동 책상을 붙이는 방법 등으로 서로 마주 보거나 둘러앉는 공간, 즉 코워킹 스페이스(Coworking Space)를 만들도록 한다. 양호한 그룹 활동 공간을 제공하는 일은 '외톨이 학생'이 생기는 것을 예방하는 동시에 학생의 '사회화'를 유도하는 중요한 작업이 된다.

최근의 학습 공간 디자인 경향은 상호작용, 기술기반 그리고 적응성을 강조하는 방향으로 변하고 있다. 교사와 학습자 간의 대화형 상호작용을 늘리고, 인터넷으로 대변되는 정보통신기술과 다양한 기술적 도구를 활용하고 학생들이 여러 가지 협력 작업에 적응하도록 하는 것이다. 이러한 경향 역시 앞서 설명한 학습 공간의 설계 방향과 무관하지 않을 것이다. 건축가는 학생들을 직접 가르치지는 않지만, 학생들이 '잘' 배울 수 있는 공간을 제공하는 매개적 역할을 하는 사람이다. 지금까지 설명한 설계 방향을 구체화하고 추진하기 위해서는 법규의 문제, 예산상의 제약 그리고 교육청의 접근방식 등 여러 어려움이 있을 수 있다. 창의적 자아 형성과 공동체성 함양이라는 두 가지 목적을 실현하는 데 기여할 수 있도록 건축가의 '깊은 고민'이 요구되는 이유가 여기에 있다.

[미주]

1 루트번스타인·루트번스타인 지음, 박종성 옮김(2007: 428~429).

2 슈미트 지음, 문항심 옮김(2020: 268~270).

3 기든스 지음, 김미숙 외 6인 옮김(2003: 440~460).

4 오바마 대통령은 "미국 학생의 과학, 수학 능력이 한국의 또래 학생들보다 뒤지고 있다"고 지적하기도 하고 한국 학부모들의 교육열을 본받아야 한다고 강조하기도 했다.

5 수학올림피아드를 위시한 각종 글로벌 학력경시대회의 상위권에 한국 학생들의 이름이 자주 오르는 것도 이런 학업 성취열과 무관치 않을 것이다.

6 강당이나 운동장이 지역주민에게 개방되고 학교의 문화행사나 교육과정 운영에 주민들이 참여하는 사례가 늘고 있지만, 지역과 이러한 소통이 학생의 공동체성 함양에 얼마나 긍정적 영향을 미치는지 구체적 연구가 필요하다.

7 King(1993: 30).

8 푸코는 근대에 들어와 권력을 가진 자가 일방적으로 대상자를 감시하고 훈육한다는 측면에서 군대, 감옥, 학교, 병원은 근본적으로 다르지 않다고 주장한다 (푸코 지음, 오생근 옮김, 2016).

9 교육부는 2019년 1월 발표한 '학교시설 환경개선 5개년 계획'에서 5년간 3조 5천억 원을 투자하여 1,250여 개 학교 공간을 미래지향적인 시설로 바꾸겠다고 밝혔다 (교육부, 2019).

10 정주성(2012).

11 학교설계지침은 1962년 문교부의 표준형설계 6가지 유형과 1967년 학교시설설비기준령 제정에서 시작되었다. 1970년대에는 교실을 복도로 연결하는 표준설계도 보급이 확산되면서 획일화된 편복도형 교실이 양산되었다. 1980년대에는 모듈개념을 도입한 표준설계도가 보급되었고, 1990년에는 학교시설현대화사업으로 획일적인 표준설계에서 탈피하여 저학년 교실에 교사 공간 및 화장실을 설치하는 등의 개선이 이루어졌지만, 학생의 요구와 사회적 변화에 충분히 대응하지 못하였다. 1997년 학교시설설비기준령이 폐지되면서 초등학교의 배치, 단위 공간, 블록플랜, 평면계획의 다양화를 추진했지만, 이 역시 2005년 임대형 민자사업(BTL)이 도입되면서 단순화되는 경향을 보였다 (정주성, 2012).

12 예를 들어 '고등학교 이하 각급학교 설립운영 규정'은 교사와 체육장의 기준 면적을 별표로 규정하고 있다.

13 교과교실형, 종합교실형, 절충형, 플래툰형, 달톤형 등 운영방식은 윤도근 외(2013: 408~409)를 참조.

14 예를 들어 Vartanian and et al.(2013).

15 골드헤이건 지음, 윤제원 옮김(2019: 110).

16 예를 들어 Vartanian and et al.(2015).

17 학교시설·설비기준령은 보통교실의 최소면적을 66㎡(학생 수가 학급당 25명 이하는 45㎡이상)로 규정하고 있다.

18 고배원(2016: 22).

9장

주의-회복 이론과 치유의 공간

> "질병은 삶을 따라 다니는 그늘, 삶이 건네준 성가신 선물이다. 사람들은 모두 건강의 왕국과 질병의 왕국 이 두 왕국의 시민권을 갖고 태어나는 법, 아무리 좋은 쪽의 여권만을 사용하고 싶을지라도, 결국 우리는...... 다른 영역의 시민이기도 하다는 점을 깨달을 수밖에 없다."
>
> **수전 손택**[1]

01 근대건축이 자연을 다루는 방식

흔히 근대건축을 이성과 합리 그리고 기술주의에 의지한 채 자연을 배제한 효율의 공간 만들기로 설명한다. 하지만 이 관점이 언제나 예외 없이 들어맞는다고 보기는 힘들다. 비록 물리적 환경에 대한 자연의 긍정적 영향을 명시적이고 과학적으로 탐색하지는 않았지만, 근대 건축가들의 머릿속에도 자연을 가까이하려는 바이오필리아의 본성은 면면히 이어져 왔기 때문이다. 영국의 도시계획가 에버니즈 하워드(Ebenezer Howard, 1850~1928)는 건강과 보건, 주거와 자족성을 포함한 초기 산업도시가 지녔던 고질적 문제를 교외의 자연에서 풀어보고자 전원도시 운동(Garden City Movement)을 추진하였고, 레치워스(Letchworth)와 웰윈(Welwyn) 같은 전원도시가 실제로 만들어졌다.

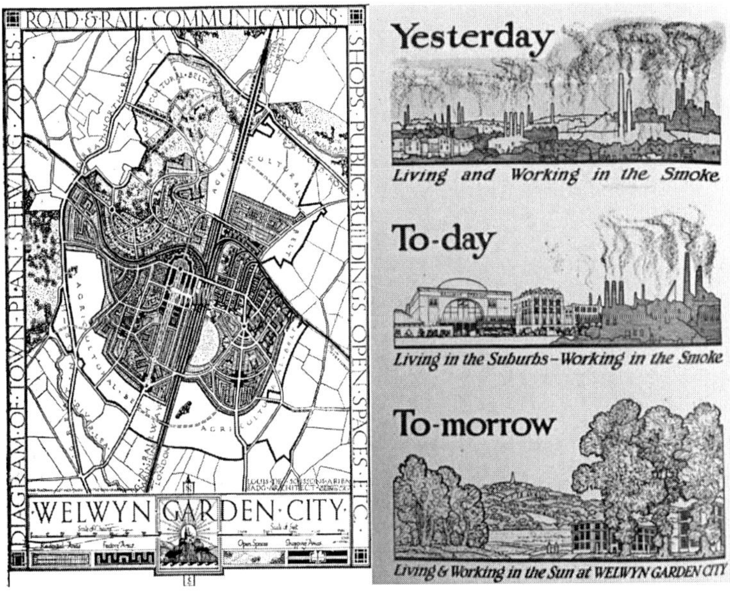

출처: 대한국토·도시계획학회(2004: 291).

▲ 웰윈 전원도시 계획안(왼쪽), 선전 포스터(오른쪽)

대량생산–대량소비의 생산양식을 건축과 도시에 적용하고 '주택을 살기 위한 기계'로 정의한 르코르뷔지에였지만, 지상의 '자연상실'을 사보아 주택(Villa de Savoye, 1931)의 옥상정원과 파리의 재개발 계획인 부아쟁 계획(Plan Voisin, 1925)의 녹지대를 통해 회복함으로써 시민의 건강과 위생을 지키려 했다.[2] 미스(Mies)는 모더니즘을 '적은 것이 더 낫다(Less is More)'[3]라는 한 문장으로 꿰뚫어 보면서 철과 유리의 보편적 공간(Universal Space)을 추구하였지만, 판스워스 주택(Farnsworth House, 1946)에서는 사방의 통창을 통해 자연을 넓게 트인 내부로 마음껏 끌어들였다.

출처: ArchDaily

▲ 부아쟁 계획(위), 사보아 주택 옥상정원(아래)

라이트(Wright)를 유기건축의 대가라 부르는 이유도 그가 평생 건축-인간-자연의 조화를 추구했기 때문일 것이다. 카우프만 별장(Kaufmann House, 1935)의 설계도를 그린 뒤 자신의 이름 머리글자 LL을 넣어 faLLingwater(낙수장)라고 즐겨 사인한 것만 보아도 '자연의 건축'을 추구한 라이트의 철학을 읽을 수 있다.[4] 라이트는 그를 따르는 실습생들과 함께 탤리아신 웨스트(Taliesin West, 1937)[5]를 지었는데, 이 프로젝트 역시 애리조나 사막의 바위와 모래,

선인장과 태양을 사랑하지 않고서는 실현하기 어려웠을 것이다.

최근 관심이 커지고 있는 친환경 건축, 녹색건축, 생태건축은 '친환경', '녹색', '생태'라는 말에서 짐작되듯이 자연의 요소를 건축에 반영하려는 흐름이다. 구체적으로 사용자의 욕구나 니즈보다는 지구환경과 에너지 위기에 우선적 관심을 두면서, 건물의 에너지 성능개선, 친환경 재료사용, 절수형 설비와 단열재 사용을 통해 건물이 환경에 미치는 영향을 최소화하는 데 노력한다. 녹색건축인증 제도[6]를 운영하는 것도 같은 취지로 볼 수 있다. 이러한 접근은 지구의 지속가능성 담보라는 시대적 요구에 부응하기 위한 건축 분야의 방법론이기는 하지만, 자연이 사용자(마음)에게 미치는 긍정적 효과가 무엇인지에 대해서는 특별한 관심을 두지 않는 것으로 보인다.

▲ 녹색건축 인증 등급

02 도시생활에서 주의-회복이 필요한 이유

한정된 땅에 많은 사람이 각자의 목표와 이해관계를 중심으로 살아가는 도시는 기회와 선택의 무대이기도 하지만, 동시에 지나친 심리적 부담과 압박의 근원지이기도 하다. 규모가 커질

수록 사람, 환경, 제도, 기술이 점점 복잡하게 뒤엉키게 되는 상황에서 도시가 내 뿜는 과도한 정보(자극)와 스트레스, 소외와 고독, 이해충돌과 갈등은 시민의 정신건강을 점점 더 위협할 수 있다. 인구의 90% 이상이 도시거주자(Denizen)인 상황에서 한국인의 삶은 도시 생활에서 오는 긴장과 스트레스의 연속이라 해도 지나친 말은 아니다. 의식주를 비롯한 기본욕구가 충족되지 못한 채 오랫동안 스트레스에 시달리면 질병이 찾아오기도 한다.[7] 출근시간 버스정류장과 지하철역으로 뛰어가는 사람들과 붐비는 지하철에서 하나 같이 무표정한 얼굴로 시선을 스마트폰에 고정하는 것은 이런 심리적 부담에 대응하는 나름의 방식인지도 모른다. 오늘의 도시를 소외와 고독이 판치는 '이방인들의 공동체'[8]라 부르는 이유도 어쩌면 여기에 있는지 모르겠다.

수렵채취 시대부터 인간은 맹수나 비바람을 만나면 본능적으로 눈을 크게 뜨고 근육을 긴장하면서 자신의 생존과 안전을 지키기 위한 자세를 취했다. 주의력(Attention)을 집중하게 되니 교감신경이 자극을 받으면서 아드레날린이 분비되어 혈압이 올라가고, 시상하부 뉴런의 자극으로 코르티솔이라는 스트레스 호르몬이 분비된다.[9] 맹수가 사라지고 폭우가 그치면 긴장이 풀어지고 편안한 상태로 돌아온다. 다음에 닥쳐올 위기에 긴장하고 대응하기 위해 미리 심리적 회복을 해 두는 것이다.

오늘날의 우리도 마찬가지다. 매일 매일 복잡하고 바쁜 일상을 감당하기 위해서는 다양한 유형과 수준의 주의력을 발휘해야 한다. 학생이든 회사원이든 친구나 동료, 가족이나 학교, 직장이나 커뮤니티라는 여건(제약) 속에서 경제적, 사회·문화적 역할을 감당하려면 긴장하면서 주어진 일에 집중해야 한다. 이렇게 끊임없이 밀려오는 긴장감과 스트레스에 유연하게 대처하려면 선사시대부터 체화되어온 회복의 욕구가 지속적으로 충족되어야 한다. 주의-회복이론(Attention Restoration Theory: ART)은 '자연을 보거나 자연에서 시간을 보내면 우리의 주의력이 회복되어 더 나은 집중력을 발휘하게 된다'는 개념이다.[10]

도시는 우리의 통제된 주의역량을 소진시키는 대표적 환경이다. 소음과 자동차 경적, 매연과 나쁜 공기, 혼잡과 주차 전쟁, 간판과 시각공해가 일상화된 도시를 살아내려면 늘 긴장하면서 집중하고 주위를 살펴야 한다. 마음을 통제하면서 지향적 주의를 발휘하는 과정에서 우리의 뇌는 만성적 피로감에 시달린다. 직장에서 업무를 원활히 수행하기 위해서 머릿속 잡념은 의도적으로 지워져야 하고, 업무에 불필요하거나 부적절한 감정은 억제되어야 한다. 의도적인 집중과 노력이 요구되는 주의상태, 즉 '통제된 주의' 또는 '지향적 주의(Directed Attention)'상태가 계속되면 산만해지고 짜증이 나기도 하며 성급해지거나 스트레스와 주위자극을 효과적으로 통제하지 못해 업무집중도는 저하된다.

'과도한 주의'로 피곤해진 뇌의 회복을 돕는 좋은 방법은 자연을 가까이하는 것이다. 도시에서 멀리 떨어진 산이나 숲 또는 바다가 아니어도 좋다. 집 가까운 공원 숲을 산책하거나 호숫가를 거닐어도 통제된 주의가 그다지 필요 없으니 소진된 주의력은 상당히 회복될 수 있다. 자연에 몸과 마음을 맡겨두면 뇌는 집중과 노력이 필요 없는 주의를 요하는 부드러운 자극에 노출되고 따라서 긴장과 스트레스로 시달린 뇌는 회복되기 때문이다.[11]

소득증가와 고령화로 건강과 장수에 관한 관심이 날로 커지고 있다. 이런 추세를 반영하듯 주의력 회복에 도움이 되는 도시 공간과 시설이 점점 다양해지고 늘어나는 것은 반가운 일이다. 일터에서 돌아와 옥상정원의 텃밭을 가꾸거나 깨끗한 공기와 시원한 바람으로 휴식을 취하고, 주말에는 가족이나 친구와 동네 공원을 찾거나 도시 숲이나 호숫가를 산책하는 일은 바쁜 일상에서 주의력을 회복하는 효과적 방법이다.

▲ 서울의 옥상 텃밭

▲ 서울시 양천구의 공원(위), 공주시 수변 산책로(아래)

그렇다면 공원, 산책로, 숲, 호수 등 자연환경은 어떠한 경우라도 주의력 회복에 도움이 될까? 아래 4가지가 중요하다.[12] 우선, 환경이 스트레스를 받지 않고 무의식적 주의를 끌어낼 수 있는 정도의 매력적 흡인력이 있어야 한다. 예를 들어, 규모와 수종 등 다른 모든 조건이 같다면, 자연 상태의 숲보다 잘 꾸며진 숲이나 공원이 더 매력적으로 다가오게 된다. 피로와 스트레스를 유발하는 업무나 상황으로부터 '멀리 떨어진' 장소도 회복에 더 도움이 된다. 이것이 휴가철에 많은 돈을 쓰더라도 바다나 산을 찾는 이유가 아닐까? 세 번째는 정도의 문제로서, '경험자가 인지하는 공간적 레벨(범위)에서 물리적 환경요소들이 어느 정도 짜임새 있게 구성되어 있는지'가 중요하다. 이는 환경이 반드시 일정 규모가 되어야 한다는 절대적 기준이라기보다 경험자의 인식 수준과 환경요소 간 상대적 관계설정이 중요하다는 의미이다. 마지막으로 환경요소가 경험자의 의도와 목적에 어느 정도 부합되는가, 즉 적합성이 중요하다. 동네 공터의 한 평 정원을 가꾸면서 "가드닝은 역시 내 취향이야"라든가, 휴일에 한적한 낚시터에 앉아서, "이곳에 오면 언제나 여유로워지고 기분이 좋아진다."고 느끼는 것은 바로 나와 환경 간 적합성이 있기 때문이다.

03 치유의 공간, 병원 디자인

국가통계포털(KOSIS) 자료에 따르면, 2022년 4월 처음으로 65세 이상 인구가 9백만 명을 초과하여 전 인구의 17.5%를 차지하였고, 2045년에는 고령화율이 37.0%가 되어 일본(36.7%)을 추월할 것이라고도 한다.[13] 요양원과 요양병원 등 하루가 다르게 도시 여기저기에 생기는 노인 의료시설은 급속한 고령화 추세를 반영하는 물리적 환경지표라 할 수 있다. 적절한 지원과 보살핌만 있다면 이웃이 있는 자신의 집에서 늙어가고(Aging in Place) 싶은 것이 노인의 마음이지만,[14] 자신의 건강상태나 사회경제적 여건 등으로 자신이 살던 집이 아니라 노인시설에서 생활하는 고령자가 증가하는 만큼 노인 의료시설의 설계에 더 많은 관심이 필요하다.

앞서 설명한 대로 회복은 '의도하지 않고 부드럽게 몸과 마음을 자연에 던져서 일상에서 오는 긴장, 피로, 스트레스를 없애고 다음 일상을 위한 재충전을 하는 것'이라 할 수 있다. 최근에는 힐링이라는 말이 애용되면서 회복과 구분 없이 쓰이고 있다. "지난 주말 강변에서 오토 캠핑하면서 힐링 많이 했다."라고 할 때, 이는 '일상에서 지치고 상처 입은 몸과 마음을 오토 캠핑으로 많이 회복했다'는 뜻이며, 이 경우 힐링과 회복(restoration)은 같은 의미가 된다. 국어사전에서는 힐링의 국어인 치유를 '치료하여 병을 낫게 함'으로 다소 좁게 정의함으로써, 치유를 정상인의 일상 회복보다는 환자의 질병 회복을 강조하는 듯하다. 이러한 구분을 기준으로 하면, "치유는 질병으로부터 우리를 건강으로 데려가는 여행으로서 신체를 균형 잡힌 상태로 회복시키는 것"이다.[15]

환자의 마음(뇌)과 환경(공간) 사이의 상호작용을 통해서 면역체계는 개선될 수 있고, 이는 곧 치유에 긍정적 효과를 준다. 건강을 유지하느냐 못하느냐는 뇌와 면역체계의 연관성에 달려 있다는 관점[16]에서 보면, 마음을 편안하게 하는 공간은 면역체계를 증진하여 건강회복에 도움을 주는 반면,[17] 마음을 불편하게 하는 환경은 면역체계를 저하시켜 병을 유발하거나 악화시킨다.[18] 따라서 병원은 환자의 기분을 좋게 하고 생리적 반응을 북돋울 수 있도록 설계되고 유지되어야 한다.

치유의 공간, 즉 감정과 기억에 도움이 되는 공간은 어떻게 만들어질까? 현대 간호학의 창시자로 추앙받는 플로렌스 나이팅게일(Florence Nightingale, 1820~1910)은 자연환경과의 통합된 전체로서의 '인간은 환경과 끊임없이 상호작용하고 있다'고 생각하고, 자연채광과 신선한 공기를 치유환경의 필수요소로 여겼다. "어두운 방은 해롭고 햇빛이 잘 드는 방이 건강에 좋다"고 한 그녀의 말은 당시에도 그랬지만 지금도 여전히 환자의 빠른 회복을 위한 필수 요건이다.

빛(light)은 공기, 물과 함께 생명의 근원이며, 빛 에너지가 있어야 공기도 물도 순환할 수 있다. 생명의 근원인 빛이 생명체인 인간의 감정과 기분에 영향을 미치는 것은 당연한 귀결이다. 온화한 빛은 우리의 마음을 부드럽고 편안하게, 차가운 빛은 우리의 마음을 경직되고 냉정하게 한다. 낮 시간대의 자연광은 생활리듬을 조절하며, 수면과 각성 피로감에 영향을 미친다. 따라서 병원의 복도와 병실은 넓은 창을 통하여 자연 빛을 받아들이도록 설계함으로써 환자의 회복을 앞당기는 데 도움을 줄 수 있다. 지하 공간을 제외하면 건축에서 창은 빛을 내부로 끌어들이는 필수적 설계요소다. 창의 위치나 크기에 따라 실내로 들어오는 빛을 조절할 수 있으며, 우리의 느낌과 기분도 달라질 수 있다.

자연풍경이나 식물을 바라보는 행위는 긴장을 푸는 효과를 준다고 한다. 침대가 창가에 있어 항상 자연풍경을 보면서 지낸 환자는 벽만 바라보는 환자보다 병원에 머무는 기간이 짧았고 회복도 더 순조로웠다.[19] 창이 없는 병실은 자연풍경이나 식물을 소재로 한 그림이 그려진 커튼을 사용하여 유사한 효과를 얻을 수 있다.

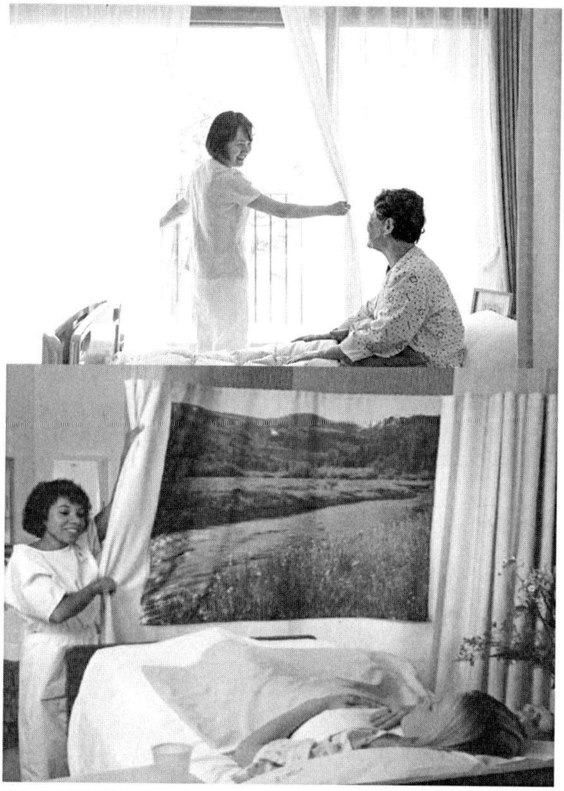

출처: wikimedia.commons

▲ 자연이 보이는 병실(위), 자연그림을 활용하는 병실(아래)

병실 창밖으로 내다보이는 풍경은 어떤 경로로 뇌를 활성화할까? 또 면역체계와 치유과정에 어떤 영향을 미칠까? 실마리가 되는 하나의 가설은, 환자는 창을 무섭고 고통스러운 질병의 현실로부터 도망칠 수 있는 출구나 고통을 덜어주고 안도감을 주는 심리적 공간(경계)으로 느낄 수 있으며, 창밖의 자연풍경은 환자가 사물을 인식하는 범위를 넓혀줄 수 있다는 것이다. 그렇게 되면 환자는 안도감을 느끼고 병을 낫게 해주는 이로운 물질 분비로 이어져 회복이 빨라질 것이다.

소음은 병원 환경에서 가장 큰 스트레스 원인의 하나다. 과도한 소음은 환자의 수면을 방해하고, 심장박동을 빠르게 할 수 있으며, 혈압이나 기타 스트레스 지수를 높이는 원인이 된다. 병원에서 권고하는 소음 기준은 조용한 사무실 수준인 35데시벨(db) 정도라 한다. 소음통제는 기본적으로 건축설계에서 흡음재와 방음재 등을 사용하는 방식으로 어느 정도 가능하지만, 무엇보다 병원 근무자와 방문자의 조용한 대화와 행동이 전제되어야 한다.

따뜻한 햇빛, 맑은 공기 그리고 자연이 환자의 회복에 필수적이라는 생각을 실현한 대표적 건축사례로 핀란드 건축가 알바 알토(Alva Aalto, 1898~1976)가 설계한 파이미오 요양병원(Paimio Sanatorium, 1932)을 들 수 있다. 19세기 말부터 20세기 초 결핵이 유럽과 미국으로 번지자 교외와 산악지역에 요양원을 짓는 운동(Sanatorium Movement)[20]이 활발하였다. 당시만 하더라도 나쁜 공기가 병을 옮긴다는 생각[21]이 상당하여서 자연 속에 위생적인 치유시설과 환경을 만드는 것이 환자치료에 매우 효과적이라고 생각했기 때문이다.

선형의 7층 병동은 층마다 햇빛이 잘 드는 발코니를 계획하고, 평지붕의 최상층에는 선 데크(Sun Deck)를 두어 결핵 환자들이 침대에 비스듬히 누워 자연을 느끼면서 햇빛과 맑은 공기를 한껏 쪼이도록 했다. 병실의 큰 창은 환자가 언제나 바깥 숲과 자연을 보는 경계공간이자 맑은 공기를 순환시키는 통로 역할을 하도록 했다. 병실 조명은 밤에만 인공조명을 하되, 그 위치를 환자의 시야밖에 두어 심리적 부담을 덜어주었다. 병동 수직 통로인 계단실과 로비도 창을 최대한 크게 하여 자연 빛과 풍경을 내부로 끌어들였다. 건물 외부 숲으로 향하는 산책로와 오솔길 역시 자연 속 치유환경의 중요성을 잘 보여준다.

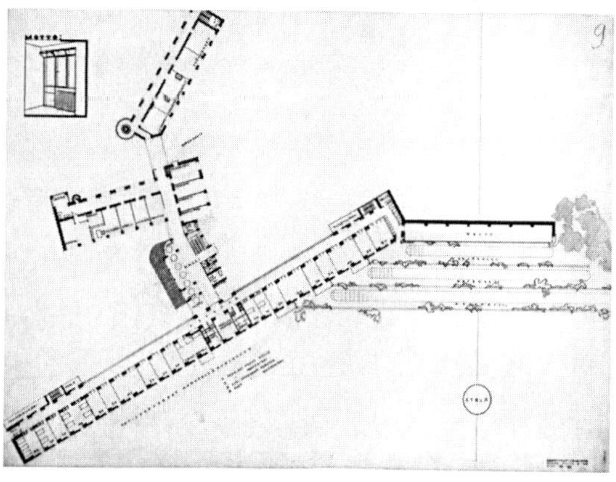

출처: wikimedia.commons

▲ 파이미오 요양원 평면도

출처: wikimedia.commons

▲ 파이미오 요양원 전경(위), 휴게 공간(아래)

질병의 치유에 도움이 되는 설계를 '지원적 디자인(Supportive Design)'이라 한다. 지원적 디자인 개념을 처음 사용한 울리히(Ulrich)는 병원의 물리적 사회적 환경과 환자가 받는 스트레스의 연관성에 주목하고, 물리적, 사회적 환경의 조절(Control of Physical-Social Surroundings), 사회적 지원의 강화(Social Support), 그리고 물리적 환경의 긍정적 분위기로의 전환(Positive Distraction of Physical Surroundings)을 통해 스트레스를 줄일 수 있다고 보았다.[22] 앞에서 설명한 대로 자연채광, 조명, 공기의 질, 소음, 숲과 식물은 물리적 환경의 쾌적성 변수라 할 수 있으며, 여기서 창의 위치와 크기는 물리적 환경의 개방감과 관련된다. 물론 벽과 바닥의 색채, 재료와 질감, 동선과 안내지도[23] 등도 중요한 디자인 요소다. 환자와 가족이 만나 대화하는 로비와 휴게실, 옥상정원, 여가와 운동 공간, 교육실 등은 상호작용을 위한 공간이며, 이러한 공간을 잘 설계함으로써 치유와 회복에 도움이 되는 긍정적 환경이 마련될 수 있을 것이다.

[미주]

1 손택 지음, 이재원 옮김(2002: 15).

2 옥상정원은 그의 유명한 근대건축 5원칙 중 하나이며, 300만이 주거하는 파리도시계획 제안인 부아잰 계획은 60층 주거고층화를 전제로 전체면적의 95%를 녹지로 계획하였다.

3 '간결하고 단순한 건축이 더 의미 있고 훌륭하다'라는 의미로 이해할 수 있다.

4 천장환(2013: 138).

5 라이트는 건축을 포함한 7개 예술전공분야에서 70여명의 펠로우를 선발하여 생활공동체를 기본으로 하는 건축교육과 설계실무를 도제식으로 하였다 (박종성, 2013). 2019년에는 유네스코 세계문화유산으로 지정되었고, 지금은 라이트재단이 있다 (https://franklloyd wright.org/).

6 '녹색건축물 조성 지원법(2020)'에 근거한 녹색건축인증(친환경건축인증, G-SEED)은 설계, 시공, 유지 및 관리의 전 과정에 걸쳐 에너지 절약 및 환경오염 저감에 기여하는 정도를 4등급으로 구분하여 인증하는 제도다.

7 도시거주자는 농촌거주자에 비해 우울감을 느낄 가능성이 약 40%, 불안감을 느낄 가능성은 20% 정도 더 높고, 고독감, 소외감, 스트레스, 조현병(schizophrenia)의 위험성도 더 높다고 한다.

8 슈뢰르 지음, 정인모·배정희 옮김(2010: 277).

9 아들리 지음, 이지혜 옮김(2018: 29~30).

10 1980년대에 레이첼 캐플란(Rachel Kaplan)과 스테판 캐플란(Stephen Kaplan)에 의해 개발된 심리학 이론으로 자연환경이 업무수행이나 시험 준비로 밤샘을 하는 등의 정신적 에너지를 소모한 인간의 주의력을 새롭게 할 수 있다고 전제한다.

11 Kaplan and Kaplan(1989).

12 Kaplan(1995).

13 조선일보(2021.10.1.), "한국, 2045년엔 일본보다 늙은 나라 된다."

14 보건복지부의 '2020년 노인실태조사'에 따르면 응답자의 83.8%가 건강할 때까지는 현재 집에서 거주하기를 원했고, 56.5%는 거동이 불편해져도 재가 서비스를 받으며 현재 집에서 계속 살기를 희망했다 (동아일보, 2021.7.4.).

15 스턴버그 지음, 서영조 옮김(2013: 51).

16 스턴버그 지음, 서영조 옮김(2013: 43~44).

17 도파민의 분비는 성취감을 느끼게 하고, 엔돌핀은 통증을 잊게 해주며, 옥시토신은 사회적 소속감을 그리고 세로토닌은 균형감각, 가벼운 설렘과 흥분과 행복감을 준다.

18 부신피질에서 분비되는 스트레스 호르몬인 코르티솔이 원인으로 알려져 있다.

19 Ulrich(1984).

20 당시 사람들은 결핵환자를 건강에 좋은 장소를 끊임없이 찾아 나서는 낙오자나 방랑자로 여겼고, 환자에게 좋은 특별한 장소가 존재한다고 생각하기 시작했다. 그 결과 도시에서 멀리 떨어진 지방, 산, 섬 등에 요양원들이 생겨나기 시작했다 (손택, 지음, 이재원 역, 2002: 54).

21 흑사병, 콜레라, 결핵 등 전염병의 원인이 부패하고 냄새나는 나쁜 공기 때문이라는 생각으로 미아즈마 이론(Miasma Theory)이라고 하며 1882년 코흐가 결핵균을 발견하기 이전까지 널리 받아들여졌다.

22 Ulrich(1991).

23 환자나 직원, 방문자는 복잡한 병원에서 길을 쉽게 찾아가지 못할 때 불안하고 무력감을 느끼며, 따라서 병실이나 진료과를 쉽게 찾아갈 수 있도록 현재 위치가 함께 표시된 야맵(You Are Here Map, YAH Map)을 적정 위치에 바르게 설치해야 한다 (12장 2절 참조).

10장

기업의 공간 전략으로서 백화점

"신용카드와 쇼핑몰에 대한 미국인의 애착은 자신이 누구이고 어떻게 행동해야 하는지에 대한 보편적 인식을 반영한다."

조지 애크로프·로버트 쉴러[1]

01 재래시장과 백화점의 출현

필요한 무언가를 사는 행위는 인간의 오래된 활동 중 하나다. 경제학에서 말하는 재화(Goods)를 교환하는 행위가 시작된 이래 무언가를 사들이는 행위는 인간의 생존과 삶에서 필수적 활동이 되어 왔다. 도시의 역사에서 시장(Bazaar)은 언제나 시민활동과 경제의 중심이었다. 시장과 그 주변(상점)은 사고파는 본원적 기능과 함께, 만나서 소통하고 교류함으로써 여론이 만들어지는 사회적 기능을 발휘했다. 시장을 관통하는 소식과 정보는 시민이 서로 소통하고 공감대를 만들어 가는 여론형성의 재료가 되었고, 이 사회적 과정은 곧 도시공동체를 구축하고 유지하는 기제로 작용하였다. 그런 의미에서 시장은 쉼터인 주거와 일터인 직장 다음으로 중요한 사회적 공간 중 하나라 할 수 있다. 최근에는 도시마다 대기업이 운영하는 집중형 상가인 대규모 할인매장이나 마트가 늘어나면서 전통시장이 많이 위축되고 있지만, 서민과 대중에게는 여전히 친근한 경제적, 사회적 공간이다.

도시에서는 생활에 필요한 거의 모든 것들을 시장이나 상점에서 구해야 한다. 생산과 소비 활동이 극단적으로 파편화되고 전문화되는 상황에서, 전체로서 도시는 충분히 자족적일 수 있으나 구성원으로서 개인은 그가 필요로 하는 모든 것을 스스로 조달할 수 없기 때문이다. 따라서 상품이든 서비스든 필요한 것을 사서 써야 한다. 경제가 성장하여 개인소득이 계속 늘어나면 의식주의 기본욕구 충족에 만족하지 않고, 개성과 기호, 사회·경제적 위치나 명예와 관련된 욕구를 충족시키기 위한 상품과 서비스의 수요가 증가하기 마련이다. 백화점은, 기본수요 충족을 위한 거래의 장이라기보다, 상품을 둘러보고 새로운 경험을 즐기는, 즉 돈을 써서 정신적 만족과 즐거움을 얻는 쇼핑공간이라 할 수 있다. 그래서 백화점을 찾는 이들은 비교적 넉넉한 사람이 많고, 종종 과시적 소비가 뉴스거리가 되기도 한다.

백화점은 근대 자본주의의 대표적 산물로서 도시산업의 성장 역사와 맥을 같이 한다. 백화점은 서비스의 향상, 경영과 회계의 합리화, 상품권의 발매 등 대자본이 기업화한 대규모의 집중형 소매시장이라는 점에서 노선형의 전통시장과는 확실히 구분된다.[2] 한때 루이 14세가 거주하였고 프랑스 혁명시기 토론장이기도 했던 '팔레 루아얄(Palais Royal) 아케이드'[3]를 최초의 백화점으로 치는 이도 있지만, 1852년 파리에 세워진 봉 마르세(Bong Marche)를 원조로 보기도 한다.

미국은 19세기 후반 이후 도심에 백화점이 등장하면서 상류층 소비문화를 주도하기 시작했는데, 시카고학파(Chicago School)를 이끈 루이스 설리번(Louis H. Sullivan, 1856~1924)이 설계한 카슨 피이리 스콧(Carson Pirie Scott) 백화점(1899)이 대표적이다. 2차 세계대전 후에는 주거 교외화 열풍이 거세게 불면서 도시 교외에 쇼핑몰과 백화점이 우후죽순처럼 생겨났다. 미국 백화점 건축의 선구자로 불리는 오스트리아 출신의 건축가 빅터 그루엔(Victor D. Gruen, 1903~1980)이 로스앤젤레스 근교에 밀리론즈(Milliron's) 백화점(1949)을 비롯하여 디트로이트의 허드슨(Hudson's) 백화점(1954), 미니애폴리스의 사우스데일(Southdale) 쇼핑센터(1956)을 선보인 것도 이즈음이다.[4]

출처: 설리번 센터

▲ 카슨 피이리 스콧 백화점

출처: wikimedia.commons

▲ 밀리론즈 백화점 전경(위), 주 출입구(아래)

우리나라는 일제 강점기인 1930년 충무로에 '미츠코시 백화점'(현재 신세계 백화점)이 개점하였으나 일본인 자본에 의한 것이었다. 민족자본가인 박흥식이 종각 사거리에 금은방으로 시작한 화신

상회를 인수하여 화신백화점을 연 것은 1932년이었다. 최초의 근대 건축가로 활동한 박길룡(1898~1943)이 설계한 화신백화점은 지하 1층, 지상 6층 규모로 최초로 승강기와 전광판을 설치하였고, 민족의 자존심을 살린 획기적인 건물로 장안의 명물이 되었다. 화신백화점은 1960~70년대부터 사세가 기울기 시작한 데다 1978년 공평동 도심재개발사업 착수로 철거 대상이 되었고, 1987년 폐업 이후 우여곡절 끝에 1999년 33층 규모의 종로타워[5]로 재건축되었다.

출처: 화신백화점, 민족문화대백과사전

▲ 미츠코시 백화점(위), 화신백화점(아래)

▲ 현재의 종로타워

02 기업의 공간전략과 백화점 디자인

산업혁명 이후 도시의 변화와 확장을 추동한 핵심동력은 산업자본과 기업이었다. 영국의 면직 산업과 철도산업이 그랬고 독일의 중화학공업과 기계공업이 그랬다. 미국은 섬유, 철강 운송업 등에서 비약적 팽창을 이루었다. 초기의 산업도시는 열악한 주거 환경과 장시간 노동의 현장이기도 했으나, 동시에 가차없이 '성장'으로만 내달리는 자본의 독무대였고 개발과 건설은 성장의 3차원적 현현(Manifestation)이었다.

21세기 도시의 성장과 변화 역시 자본이 주도한다. 다만 산업자본에 더하여 금융자본의 중요성이 날로 더해지고 있을 뿐이다. 도시는 끊임없는 자본의 확대재생산을 공간적으로 소화해 내면서 주거와 상업 건축의 고급화와 고층화 스펙터클을 연출한다. 중심상업지(CBD)에 밀집되는 업무용 건물은 고층화로 용적률을 높이고 외관에 신경을 쓰는 방식으로 이윤 극대화에 몰두하며, 고층아파트 단지는 다양한 편익시설과 고급 인테리어로 승부를 건다.

쇼핑몰이나 백화점 같은 상업자본이 추구하는 목적도 마찬가지다. 기업의 입장에서 백화점의 유일한 목적은, 이용자의 욕구나 니즈 그 자체에 있는 것이 아니라, 고객의 욕망과 심리를 이용하여 매출을 극대화하는 데 있으며, 따라서 공간 디자인은 이 목적을 실현하는 수단으로 여겨질 뿐이다.[6]

백화점은 값비싼 명품을 선호하는 일부 계층의 과시적 소비를 위한 전시관 역할을 해왔다. 미국의 제도주의 경제학자이자 사회학자인 쇼스타인 베블런(Thorstein Bunde Veblen, 1857~1929)이 지적한 대로, 백화점은 상품가격이 올라가는 것은 별로 신경 쓰지 않거나 오히려 값이 비쌀수록 더 구매 욕구가 커지는 사람들이 선호하는 '보여주는' 소비의 장소이다.

> "과시적 소비의 경우 그 축소는 비교적 어렵지만 확대는 비교적 쉽고, 실제로도 당연하게 확대되고 있다...... 소비를

증가시키는 요인이 있을 때 바로 증가시키는 사람은 정상으로 간주된다."[7]

백화점은 고객을 불편하게 만들어 이익을 극대화하려는 '역설적 공간'이다. 백화점을 '상술로 설계된 복잡한 미로'로 보기도 한다. 에스컬레이터를 엇갈리게 설치하고 1층에는 화장실을 두지 않는[8] 방식으로 고객 동선을 길게 하여 매출을 극대화한다. 창과 시계가 없는 것도 두말할 나위 없이 백화점 설계의 전략적 선택이다.[9] 외부세계와 단절된 채 시간 가는 줄 모르고 쇼핑에만 몰입하도록 유도하는 것이다. 화려한 인공조명과 환상적이고 고급스러운 인테리어는 고객이 '나는 남과 다르다'라고 생각하도록 하여 과시적 충동구매로 유도하려는 전략이기도 하다.

여러 백화점이 최상층에 스카이라운지나, 식당가와 문화센터를 두는 것은 고객이 식사를 즐긴 후 느긋한 마음으로 내려오면서 쇼핑을 하도록 유도하는 심리적 전략으로 일종의 샤워 효과를 노리는 것이다. 또 지하층에 식품매장과 푸드 코트, 지상 1층에 잡화 할인매장이 있는 것은 물건을 사고 올라가면서 추가적인 쇼핑을 하도록 하는 이른바 분수효과를 기대하는 전략이다. 뿐만 아니라, 회원(멤버십) 등급에 따라 상품 할인, 주차, 라운지 이용 등 차별화된 서비스를 제공하는 것도 고객을 명품 소비로 유도하는 암묵적 수단으로 볼 수 있다.

▲ 유명백화점 에스컬레이터(왼쪽), 폐쇄적인 매장(오른쪽)

최근에는 백화점의 서비스가 매우 다양해지고 있다. 외식은 물론이고 영화, 전시, 병원진료 등 관련 서비스를 제공함으로써 시민 생활에서 차지하는 비중을 점차 증대시켜 고객층을 확대하는 전략이다. 쇼핑공간이 도시 생활의 매개공간 역할을 하게 되면서 문화, 행정서비스도 함께 제공되기도 한다. 백화점 기능이 다양화, 복합화된다는 것은 원스톱 서비스를 받게 되는 고객 입장에서 결코 불쾌한 일은 아니지만, 이 역시 백화점의 영업이익 극대화 전략과 무관하지 않다.

소비자가 (때로는 충동적으로) 가처분 소득을 쓰도록 유도하는 것이 기업의 목표이고, 이 과정에서 건축 디자인은 기업의 성장목표를 달성하기 위한 3차원적 수단을 제공하는 작업을 한다. 매출 극대화를 위한 기업의 공간디자인 전략은 어느 정도 성공한 것으로 보인다. 그런 면에서 감성적이고 충동적인 고객은 계획적이고 치밀한 자본에 굴복한다고도 볼 수 있다. 하지만 이성적인 고객에게 백화점은 충동구매를 유도하는 유혹의 공간이 아니라 자신의 가치와 취향을 기초로 소비 욕구를 충족하는 합리적 선택의 공간이어야 한다. 이런 의미에서 백화점은 지혜로운 선택을 하려는 고객과 매출을 극대화하려는 자본 간의 팽팽한 긴장감이 흐르는 경합의 장이 된다. 독일의 철학자 벤야민(Walter Benjamin, 1892~1940)이 고객은 상품에 도취된 자동기계가 아니라, 자신만의 가치와 선택권을 가지고 있는 존재이며, 그들이 하는 쇼핑이 창조적인 행동이라고 본 것도 같은 맥락이다.[10]

[미주]

1 애커로프·쉴러 지음, 김태훈 역(2009: 205).

2 박은숙(2008: 350~351).

3 혁명 후에는 극장, 도박장, 증권거래소, 상사 재판소, 고급 아파트 등, 용도가 바뀌었지만, 1층 회랑에는 카페, 상점, 댄스홀 등 가게가 들어서 시민의 집회, 오락의 중심지가 되었다. 현재는 문화부 등이 입주해 있는 건물이다. 부티크, 화랑, 골동품 가게 등이 늘어서 있고 부담 없이 윈도우 쇼핑을 할 수 있다 (https://en.wikipedia.org/wiki/Palais-Royal).

4 설혜심(2017: 345~352).

5 1995년 국제현상설계에서 '세계의 맥박(world pulse)'이란 주제로 당선된 미국 건축가 라파엘 비뇰리(Rafael Vinoly)의 작품이다.

6 벤야민(2013)은 그의 유명한 『아케이드 프로젝트』에서 쇼핑공간에서 자본이 건축구조나 형태와 어떻게 연결되는지에 대한 구체적인 분석을 제시한다.

7 베블런 지음, 박홍규 옮김(2019: 100).

8 1층에 화장실을 두지 않는 것은 고객을 위층으로 유도하려는 전략으로 볼 수 있다.

9 최근 개점한 수원 광교의 갤러리아 백화점은 자연(퇴적층)의 색채와 질감을 살리는 개성 있는 형태에 더하여 루프형 고객 동선을 만들고 울퉁불퉁한 창을 통해 외부를 조망할 수 있게 하여, 창이 없는 기존방식과는 차별화된다.

10 윌리엄스 지음, 김수연 옮김(2021: 65).

3부

11장

일상화하는 재난에 대응하는 건축

"인간이라는 생물은 거대한 재해를 만나 생명의 위협을 느끼면 튼튼한 둥지에 의지하려는 습성이 있다...... 새나 물고기처럼 움직임이 빠른 생물은 둥지에 의존하는 정도가 낮지만, 인간은 약하고 느리기 때문에 둥지에 의지하는 습관이 있다. 그래서 건축에 의존하려 한다."

구마 겐고[1]

01 재난과 함께 살아가는 시대

태풍이나 홍수처럼 자연적 현상으로 인한 것이든, 전염병이나 화재처럼 인간의 행위로 인한 것이든 재난[2]은 인간을 괴롭히고 생존을 위협한다. 홍수로 살던 집이 유실되거나 코로나 19와 같은 팬데믹(Pandemic)으로 건강의 위협을 받게 되면 생리적 욕구와 안전 욕구가 좌절되고, 이러한 물질적 심리적 어려움이 계속되면 결국 공동체 욕구도 사라지고 자아실현의 의욕도 좌절된다. 하루가 멀다고 발생하는 자연재난과 사회재난의 원인은 매우 다양하고 복합적이겠지만, 인간이 외부세계인 자연을 대하는 태도와 삶의 방식이 재난 일상화를 불러오는 기저 요인과 관련되어 있음은 분명해 보인다.

▲ 재난 스트레스: 화재현장(위), 수해현장(아래)

근대 시민사회는 이성과 합리를 바탕으로 자본주의를 발전시켜 인간의 삶을 물질적 풍요로 안내하였다. 자원추출과 확대재생산의 사이클을 돌리면서 자신감을 얻게 된 인간은 오직 '성장'만을 정언명령(Categorical Imperative)[3]으로 받들면서 자연을 공존의 동반자가 아니라 개발의 대상으로만 여겼다. 또 개발과 성장이 불러오는 산업화와 도시화는 인류 역사의 엄청난 성취로만 생각되었고 이면에 도사리고 있는 사회적, 환경적 비용과 부작용은 도외시 되었다. 하지만 무차별적 자원착취와 과도한 개발을 전제로 한 성장 사이클을 아무런 '성찰적 조절' 없이 계속 돌리는 동안 지구 생태계의 수용 능력과 안정성은 심각하게 훼손되었고, 이제 자연은 기후변화와 온난화, 생물 다양성 감소라는 신호와 대규모의 재난으로 대응하는 것처럼 보인다.

태풍 루사(2002년)와 매미(2003년), 포항지진(2017년, 규모4.6), 동남아시아 쓰나미(2004년, 규모9.1), 허리케인 카트리나(2005년), 쓰촨성지진(2008, 규모8.0), 일본 동북지진(2011년, 규모9.1) 등 자연재난만 심각한 것은 아니다. 산림감소와 생태계 파괴가 심각할수록 자연에서 쫓겨난 야생동물들이 인간 정주지역으로 더 가까이 이동하게 되고, 이는 숙주로서 야생동물이 지닌 세균, 바이러스, 기생충의 인간 전파 가능성을 더 키운다. 급성호흡기증후군인 사스(SARS)나 메르스(MERS)는 박쥐, 사향고양이, 낙타가, 코로나 19는 천산갑이라는 포유류가 중간 숙주로 의심받는 것도 이 때문이다. 물론 이러한 전염병이 발생 2~3개월이 지나기도 전에 세계적 유행병(팬데믹)으로 퍼진 데는 경제와 여행의 세계화가 중대한 원인이 되었다. 특히 2019년 12월 발생한 코로나 19 팬데믹은 3년에 걸쳐 전 인류의 삶에 심각한 타격을 준 사회재난으로 기록될 것이다.

출처: wikimedia.commons

▲ 카트리나로 물에 잠긴 뉴올리언스(위), 울산 고층아파트 화재(가운데),
코로나19로 인한 거리 두기와 마스크 쓰기(아래)

과학기술로 모든 문제를 해결할 수 있다고 생각하는 '기술 만능주의'도 도시의 재난위험을 증가시키는 근본적 원인이 된다는 지적이 많다.[4] 도시는 시설(하드웨어), 활동(소프트웨어) 그리고 조직과 제도(휴먼웨어)의 세 축으로 작동한다. 상하수도, 전기, 통신, 도로 등 기반시설과 주거, 생산, 업무, 공공시설 등 수 많은 구조물이 한정된 공간에 집적되어 시민의 다양한 활동과 조직을 지지하게 되는 매우 복합적이고 다차원적인 시스템이다. 도시라는 커다란 시스템은 하위시스템들과 그 속의 여러 구성요소로 이루어지면서 전체 시스템과 하위시스템 간, 하위시스템과 하위시스템 간, 시스템과 구성요소(시설, 활동, 조직과 제도) 간 수많은 유기적 관계와 상호작용으로 작동되고 유지되는데, 이 시스템상에서 한 부분이라도 오류가 발생하면 엄청난 재난을 불러올 수 있다. 성수대교 붕괴(1994년), 삼풍백화점 붕괴(1995년), 대구 지하철 화재(2003년), 이태원 참사(2022년) 등은 도시 시스템 작동의 오류에 기인한 대표적 사회재난들이다[5].

도시의 인구가 증가하면 사회적 활동과 경제적 활동도 비례적으로 늘어나게 되고, 도시 시스템을 이루는 인적, 물적 구성요소 간의 상호작용 역시 더 복잡해지고 활성화된다.[6] 30년 후에는 세계인구의 약 70%가 도시에 거주할 것이라고 한다. 도시인구가 늘어나면 당연히 주거, 교통, 에너지 등 기본서비스 수요는 물론이고, 고용, 교육, 복지 수요 역시 증가하게 될 것이다. 그렇게 되면 도시 시스템은 더욱 복잡해지고, 또 그만큼 각종 재난은 더 빈번하게 발생하며, 대규모화되고, 복합화하게 될 것이다.

출처: wikimedia.commons

▲ 성수대교 붕괴(위), 삼풍백화점 붕괴(아래)

02 재난 스트레스와 주거 시설의 중요성

재난으로 정신적 충격과 물질적 피해를 겪으면 기본욕구 충족은 어려워진다. 태풍이나 홍수로 살던 주택이 매몰되거나 파손되면 당장 식품과 마실 물을 구하기 어렵게 되고 화장실 사용도 불가능하게 된다. 생존이 위협받을 수도 있고 생리적 욕구는 좌절된다. 대응과 복구가 시작되면서 학교나 체육관, 긴급구호 텐트 등 임시시설에서 생활하게 되면 최소한의 안전과 생리적 욕구는 해소되지만, 임시적이고 집단적인 생활환경으로 인한 불편함과 부족함은 해소되기 어렵다. 이에 더하여 상위욕구인 애정과 소속의 욕구나 자아실현 욕구충족은 상상하기 어렵게 된다. 재난충격으로 하위단계 욕구가 충족되지 못하면 욕구 사다리 전체가 무의미하게 되는 것이다.

재난을 당하면 스트레스에 시달린다. 특히, 신체손상이나 생명을 위협하는 심각한 상황을 겪게 되면 '외상 후 스트레스 장애(PTSD)'[7]라는 증상에 시달리기도 한다. 재난 스트레스는 피로, 두통, 수면장애를 불러와 신체적 안정을 해칠 뿐 아니라, 죄책감, 우울감, 충격, 화, 절망, 공포, 무기력을 가져와 정서적 안정도 어렵게 되고, 자기 존중감과 집중력이 떨어지면서 인지능력이 저하되기도 한다.

재난으로 심리적 충격을 받은 이재민에게 충격을 완화하고 후유증을 예방하며, 일상으로 복귀할 수 있도록 돕는 심리진단 및 상담을 포함하는 포괄적인 활동을 '재난심리 지원'이라 하는데, 여기서 중요한 것은 '제대로 된'(Decent) 생활이 가능한 주거환경을 신속하게 제공하는 일 역시 재난심리 지원의 한 부분으로 보아야 한다는 점이다. 주거 시설, 즉 물리적 환경이 정상적으로 회복되면 신체적 안정을 얻게 되며, 정서적이고 인지적 안정에도 도움이 되기 때문에, 신속한 주거 시설의 제공은 이재민의 욕구 충족 및 심리지원을 위한 핵심선결 요건 중 하나라 할 수 있다.

03 임시주거의 유형과 디자인 방향

재난이 발생하기 전 평상시 생활은, 정주개념을 가지고, 한 위치에 (반)영구적으로 고정된 집과 주변의 학교, 공원, 상점, 커뮤니티센터 등을 중심으로 이루어진다. 하지만 재난이 발생하면 정주개념은 일순간에 사라지게 되고, 주거생활은 비고정적이고 일시적이며 다목적의 시설이 감당하게 된다.[8] 임시주거 환경의 구축과 제공은 재난이전의 일상으로 돌아가기 위한 복구단계에서 요구되는 최우선적 작업의 하나다. 유엔 인도주의업무조정국(UN OCHA)은 이재민을 위한 임시주거(지)를 산재형과 집단형으로 구분하고 다음 여섯 가지 유형으로 제시한다.[9]

A. 산재형 임시주거:

1. 호스트 가족형: 지역의 다른 주민의 주거, 토지, 또는 관련 시설에 거주
2. 도시 자주형: 이재민 스스로 도시 내 피해 없는 장소에 정착
3. 농촌 자주형: 이재민이 농촌의 공공 또는 마을 소유 토지에 정착

출처: UN OCHA(2008).

▲ 산재형 임시주거: 호스트 가족형(왼쪽), 도시 자주형(가운데), 농촌 자주형(오른쪽)

B. 집단형 임시주거:

1. 집합적 쉘터: 재난지역 기존시설에 집단으로 거주 (예: 학교, 마을회관, 체육관)
2. 자주형 정주캠프: 지방정부나 원조기관 도움 없이 캠프에 거주 (예: 난민 캠프촌)
3. 계획적 캠프: 이재민을 위해 건축된 시설로 인프라가 제공되는 부지위에 지어진 주거시설에 거주 (예: 임시주거 단지)

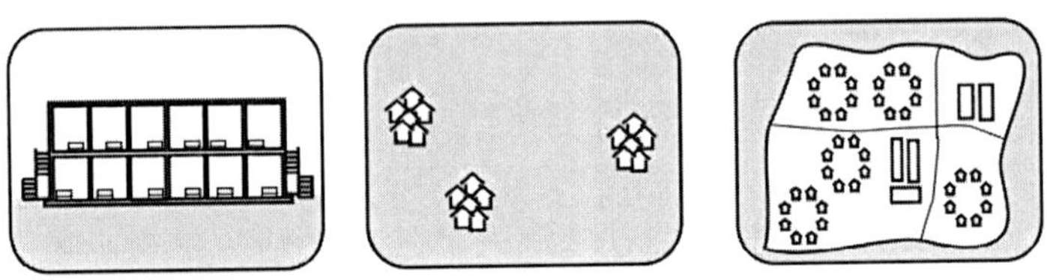

출처: UN OCHA(2008).

▲ 집단형 임시주거: 집합적 쉘터(왼쪽), 자주형 정주캠프(가운데), 계획적 캠프(오른쪽)

유엔이 임시 주거를 6가지 유형으로 세분화한 것은 아마도 기후와 지형, 사회·경제적 여건이 다른 세계 각 지역에서 발생하는 자연재난은 물론이고 정치적 불안이나 인종 간 갈등, 내전을 포함한 광범위한 사회적 재난에 대응하기 위한 것으로 짐작된다. 제공되는 구체적인 임시주거 유형은 재난 종류와 규모, 피해 유형과 범위, 지역 여건 등에 따라 다를 수 있다. 일률적으로 말하기 어렵지만, 우리나라의 경우 재난 직후부터 2주에서 3개월 정도 기간인 응급(긴급) 대피 단계에서는 주변 체육관, 학교, 마을회관을 긴급대피 (주거)시설로 사용하는 것이 일반적이다. 또 재난 후 3~6개월에서 1년 정도까지 2단계 기간에는 컨테이너 주택과 같은 임시시설이 제공되며, 재난 전 거주하던 주거 시설의 복구가 불가능하면, 3단계(대개 1년 이후)로서 장소를 옮겨 이주 단지를 지정하고 주택을 신축하여 입주하는 사례도 종종 있다.

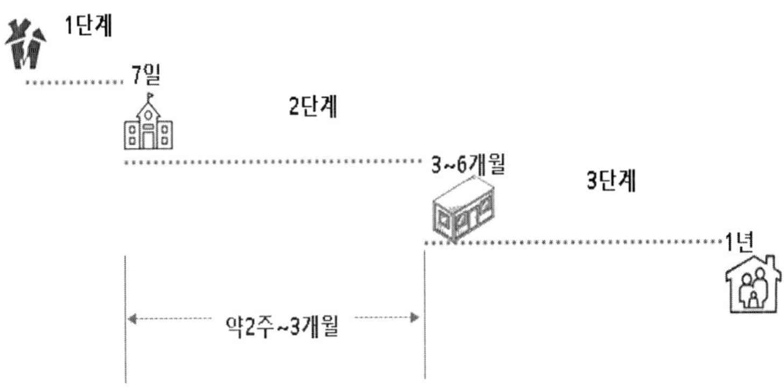

▲ 재난복구 단계와 주거유형

▲ 우리나라 임시주거: 실내체육관(위), 컨테이너 주택(가운데),
임시주거 단지(아래)

재난충격으로부터 일상을 회복하기 위해서는 임시주거 환경 구축을 단순히 개인이나 가족 단위 공간인 주거 시설을 제공하는 일쯤으로 여겨서는 곤란하다. 재난은 그 강도와 규모가 클수록 충격과 피해가 개인이나 가족 차원을 넘어 지역사회와 공동체 차원으로 확대된다. 따라서 구호와 복구의 궁극적 목적을 임시 주거공간의 제공을 넘어 지역사회 공동체성을 회복하는 데 둘 필요가 있다. 즉, 개인과 가족의 생활공간은 물론이고 이웃과의 접촉과 소통, 협력을 위한 사회적 측면 즉 공동체성을 동시에 고려하는 것이다. 이를 위해 이재민이 함께 사용하는 회의실, 게시판, 대화 공간 등 공유공간이 필요하고, 개별 주거공간이 협소할 경우 식당, 세탁실, 화장실 등도 편의시설로서 설치되어야 할 것이다. 임시주거시설의 구축작업은 물리적 시설을 제공함으로써 이재민의 심리안정은 물론 지역의 공동체성을 회복하는 데 중요한 역할을 한다.

지역주민의 적극적 참여는 지역 여건에 적합한 주거를 신속하게 구축하고 주민 간 협력을 강화할 수 있다는 점에서 매우 중요하다. 건축가와 현장여건을 가장 잘 알고 있는 주민들이 힘을 합쳐 노동력을 절감하는 동시에 현장여건에 적합한 주거공간을 효율적으로 구축할 수 있다. 동시에 충격과 실의에 빠진 주민들은 복구 의지를 키울 수 있고 긍정적 태도와 희망을 키우는 효과도 있다.[10]

임시주거시설의 디자인에 영향을 주는 요인은 '재난상황'을 반영하는 것이다. 이재민을 신속하게 수용할 수 있도록 단기간에 구축되어야 하며, 지역의 기후에 알맞고, (재난)지역에서 쉽게 구할 수 있는 재료를 우선 사용하고, 구조적으로 안전해야 한다. '임시'시설이지만 기본욕구가 충족되는 '제대로 된' 생활을 영위하려면, **세계보건기구가 제안하는 주거환경의 질적 요소인** 안전성, 보건성, 편리성, 쾌적성이 보장되어야 한다. 동시에 비상상황임을 고려하여 신속성, 이동성, 경량성, 모듈성, 친환경성, 가변성을 고려한 임시 주거복구가 되어야 할 것이다.

04 재난에 대비하는 도시디자인

태풍, 홍수, 지진 등 자연재난은 과거에도 그랬지만 현재도 시민의 안전 욕구를 좌절시키는 또 하나의 중요한 요인이다. 자연재난은 도시의 입지나 지형적 여건, 그리고 계절적 요인 등 기후적 조건이 더해져 무차별적으로 발생하지만, 그 충격과 피해는 사회·경제적 측면에서 또 공간·물리적 측면에서 차별적이다.[11] 급경사지나 하천 변 저지대 주거지는 폭우로 산사태가 나거나 하천이 범람하면 막대한 인적·물적 피해를 겪기 마련이다. 또 이러한 취약지역에 거주하는 주민은 대부분 사회·경제적으로 불리한 빈민이나 저소득층, 고령자나 부녀자 등 재난 약자인 관계로 대응과 복구에 많은 어려움을 겪게 된다.

자연재난에 반복적으로 노출되는 지역은 사전 예방과 대비 중심의 도시디자인이 요구된다. 그러나 많은 경우 사전적 재난관리에 대한 계획수립과 투자는 정책 결정에서 우선순위가 밀리기 일쑤며, 피해가 발생한 후에야 외부지원에 의존하면서 복구하느라 허둥대는 모습을 보인다. 재난을 한 번 지나가면 그만인 일과성 사건 정도로 생각하게 되면 근본적 대책을 마련하는 데 필요한 투자는 인색하게 된다. 하지만 기후변화의 위기와 이로 인한 재난의 일상화는 받아들이는 사람의 '필터'에 따라 중요성이나 실천이 달라지는 '주관적 인식'이 아니라 싫든 좋든 함께 극복해야 하는 '객관적 사실'임이 분명해지고 있다.[12] 따라서 재난에 대비한 도시디자인은 지속가능성 유지를 위한 필수적 계획요건으로 인식되어야 할 것이다.

서울과 같은 글로벌 도시도 단시간에 기록적 폭우로 배수 용량이 초과하면 상업지, 주거지를 가리지 않고 저지대가 침수되기 쉽다. 저지대 침수를 막기 위해서는 전반적인 배수체계의 정비가 필요하고 지하에 빗물을 담는 대규모 저류시설을 구축해야 한다. 또 빗물이 건물 내부나 인근 지역으로 번지는 것을 막기 위해 건물 출입구와 지하철역과 상가연결 부위 등에 차수문을 설치하는 것도 효과적이다.

▲ 사당역 빗물저류조 공사

▲ 양천구 지하상가 차수문

산사태 우려가 있는 일정 경사 이상의 사면지역, 범람으로 주변 지역에 피해를 주는 하천에서 일정 거리 이내 저지대는 건축을 제한하는 방식의 계획적 관리가 필요하다. 해일이나 쓰나미 위험이 있는 해안지역 역시 일정 거리 이내 건축을 제한하거나, 기립식 차수벽을 설치하여 월파를 방지하도록 한다.[13] 재난 유형별 피해 반복지역이나, 위험장소, 범죄나 사고위험 장소를 보여주는 지도[14]를 마련하여 필요한 지점에 설치하고 주민이 숙지하도록 하는 일도 중요하다. 재난 안전지도에는 재난 발생 시 대피시설이나 장소의 표시 그리고 이동 루트 등도 상세히 표시되어야 한다.

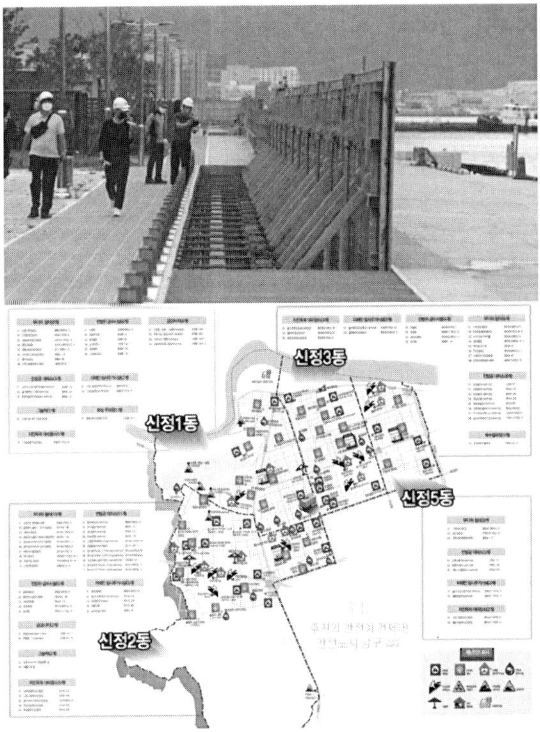

▲ 창원시 기립식 차수벽(위), 울산광역시 신정동 재난안전지도(아래)

주택이나 상가 건축에서는 비나 바람에 강한 외장재를 사용하고, 물탱크, 피난시설, 가스 설비 등은 건물 최상층에 설치하는 것도 재난 안전에 도움이 된다.

[미주]

1 겐고, 구마 지음, 이정환 옮김(2015: 7).

2 재난 및 안전관리 기본법(3조)은 재난을 "국민의 생명·신체·재산과 국가에 피해를 주거나 줄 수 있는 것으로 정의하고, 아래와 같이 자연재난과 사회재난으로 구분한다. i) 자연재난은 태풍, 홍수, 호우, 강풍, 풍랑, 해일, 대설, 한파, 낙뢰, 가뭄, 폭염, 지진, 황사, 조류 대발생, 조수, 화산활동, 소행성·유성체 등 자연우주물체의 추락·충돌, 그 밖에 이에 준하는 자연현상으로 인하여 발생하는 재해를 말한다. ii) 사회재난은 화재·붕괴·폭발·교통사고(항공사고 및 해상사고를 포함한다)·화생방사고·환경오염사고 등으로 인하여 발생하는 대통령령으로 정하는 규모 이상의 피해와 국가핵심기반의 마비, 「감염병의 예방 및 관리에 관한 법률」에 따른 감염병 또는 「가축전염병예방법」에 따른 가축전염병의 확산, 「미세먼지 저감 및 관리에 관한 특별법」에 따른 미세먼지 등으로 인한 피해를 말한다.

3 행위의 결과에 구애됨이 없이 그것 자체가 선(good)이기 때문에 무조건 수행이 요구되는 도덕적 명령을 말한다 (http://philinst.snu.ac.kr/).

4 벡, 울리히 지음, 홍성태 옮김(2014).

5 인종, 종교, 국가 간 갈등, 전쟁 등으로 인한 난민, 테러도 재난의 범주에 포함되지만 논외로 한다.

6 웨스트 지음, 이한음 옮김(2018: 34).

7 Post Traumatic Stress Disorder는 재난이라는 극심한 스트레스(정신적 외상)가 지나간 후에도 계속되는 재경험을 통해 고통을 느끼며 우울증, 불안장애, 공황장애에 시달리는 증상을 말한다.

8 문정인·이상호(2006).

9 UN OCHA(2008).

10 2011년 일본 동북지진 피해도시인 이와테현 리쿠젠타카타 시에서 건축가 토요 이토(Toyo Ito)가 지역주민, 자원봉사 학생들과 지은 이재민을 위한 마을회관, '민나노 이에'(모두의 집)를 사례로 들 수 있다. 이 프로젝트에 대한 구체적 내용은 Ito and et al.(2013)을 참조.

11 재난 불평등과 재난 약자의 주거 취약성에 대해서는 권태호(2017a) 및 머터 지음, 장상미 옮김(2016)를 참조.

12 조효제(2020).

13 건축가의 디자인 사례로, 2012년 10월 허리캐인 샌디(Sandy)를 겪은 후 인구 22만 명이 사는 뉴욕 맨하턴 남쪽 약 16km를 홍수와 폭풍으로부터 막기 위한 현상설계 'Rebuild by Design'에서 당선된 'THE BIG U'가 있다 (Dawson, 2017: 153~188).

14 재난 유형별로 풍수해지도, 산사태 위험지도, 화재위험도, 지진위험지도 등으로 구분할 수 있고, 사고와 범죄위험을 반영한 재난 안전지도 등도 있다.

12장

자동차의 도시, 길 찾기와 광장의 심리학

"해양탐험가들은 마음껏 신세계로 가라고 해요. 다른 이들은
지도로 딴 세상 가보라고 하고요. 우리는 하나의 세계.
각자가 하나이고 함께 하나이니."

존 던[1]

01 플라뇌르(Flaneur)의 도시에서 자동차 도시로

도시는 인간이 만든 가장 복잡하고 오묘한 '발명품'으로 이야기된다. 수많은 사람이 제각기 다른 목적과 의도[2]를 가지고 일정한 공간에서 살아간다는 것 자체가 경쟁과 협력, 다양성과 복합성, 변화와 혁신, 추함과 선함을 모두 내포한다. 어떤 이에게 도시는 편리함, 자유로움, 풍성함을 주는 유토피아지만 또 다른 사람에게 불편함, 억압, 결핍의 디스토피아(Dystopia)로 다가온다.

19세기 산업혁명과 함께 날로 커지고 낯설어지는 도시를 위험과 폭력의 온상으로 경계하는 시각도 있었지만, 화려한 불빛 거리와 다채로운 상점들, 그리고 온갖 사람들이 뿜어내는 도시의 다양성과 역동성에 주목한 이도 많았다. 시인 보들레르(Charles Baudelaire, 1821~1867)에게 도시(특히, 파리)는 새로운 시대를 대변하는

공간이었고, 도시의 거리와 뒷골목을 시간에 구애받지 않고 자유롭게 거닐면서 자신의 기분과 호기심을 충족시키는 산책자, 즉 플라뇌르(Flaneur)는 이상적 시민이었다.[3] 당시 런던, 파리, 뉴욕에서는 마차가 도시 상류층 지위를 상징하는 교통수단으로 떠오르고 있었지만, 군중의 절대다수는 여전히 걸어서 다녔고, 새롭게 단장되는 거리와 골목은 보행자를 기다리는 전시장과도 같았다.

▲ 귀스타프 카유보트, 「파리의 거리, 비오는 날」(1877)

사회비평가 레베카 솔닛(Rebecca Solnit)은 도시의 보행자가 어떻게 환경을 관찰하고 기억하는지 아래와 같이 설명한다.[4]

"원시 수렵채집자가 어느 나무 앞에서 걸음을 멈추고 6개월 후에 도토리를 따러 와야겠다고 생각하거나 등나무 숲을 지나가면서 바구니를 만들만한 줄기가 있는지 살펴보듯이, 도시 보행자는 늦게까지 문을 여는 식료품 가게나 구두 수선가게 같은 곳을 기억해 둘 수도 있고, 먼 길을 돌아서 우체국에 들를 수도 있다."

산업혁명 시기, 도시는 끊임없이 모여드는 사람들과 마차 그리고 새로 출현한 자동차가 서로 얽혀, 거리는 아수라장이 될 정도였다. 자동차를 거부하는 거친 목소리와 저항은 점차 잦아들고 자동차의 편리함과 매력에 빠져드는 사람들이 늘어나면서, 도시의 거리 풍경은 빠르게 변해 갔다. 한편으로는 단시간에 목적지 문 앞에 데려다주는 편의성의 매력을 떨칠 수 없었을 것이고, 또 한편으로는 자동차 소유가 부의 상징이 되는 것을 즐겼을 것이다. 교통 계획은 자동차를 우선 배려하여 설계되었고 보행자의 영역은 보도로 밀려나 제한되었다.

출처: 게티이미지뱅크

▲ 자동차가 점령한 도시: 간선도로(왼쪽), 교차로(오른쪽)

자동차가 지배하는 도시의 운명을 우려하는 목소리가 여기저기서 나왔다. 문명비평가 루이스 멈포드(Lewis Mumford, 1895~1990)는 "지금 우리의 삶에 자동차와 고속도로를 맞추는 것이 아니라 삶을 자동차에 맞추고 있다"고 비판하였다. 또 프랑스 철학자 앙리 르페브르(Henri Lefebvre, 1901~1991)는 "도시 생활은 미묘하면서도 근본적으로 바뀌었다. 많은 자동차가 원자 입자들처럼 맴도는 추상공간에 그 자리를 내어준 것이다"라고 말했다.[5]

성장하는 도시에서 인구와 자동차의 증가는 높은 정(+)의 상관성을 보인다.[6] 인구증가는 자동차 수요를 증가시키고, 자동차 숫자가 늘어나는 만큼 도로는 신설되거나 확장되며, 이는 다시 보행자 공간을 감소시키는 결과를 가져온다. 출퇴근 시간 및 에너지비용 증가 등 도시의 외연적 팽창이 가져오는 부작용을 고려하면, 한정된 도시 가용면적으로 보행자 공간을 확보하는 일은 점차 어렵게 되고, 가로와 골목은 자동차의 물결로 넘쳐난다.

자동차의 도시는 차도, 노상·노외주차장, 주차빌딩의 '기계경관(Machine Landscape)'을 연출한다. 지하차도, 고가육교, 횡단보도와 신호등, 방향 표시판 등 관련 시설 역시 늘어나면서 우리의 시각을 압박하고 심리적으로 불안하게 만든다. 특히 출퇴근 시간 꼬리를 무는 자동차의 행렬, 빠른 속도, 소음과 경적은 물론이고, 이제 옆으로 바삐 걸어가는 사람들조차 편안한 보행을 어렵게 하는 데 동참한다. 이제 도시의 길은 걸어가다 구경하고, 만나는 접촉과 연대의 장이 아니라, 목적지를 향해 빠르게 달려가는 자동차의 통로일 뿐이다.

02 도시 길 찾기와 야맵(YAH Map)

도시의 일상에서 가고자 하는 목적지까지 별 어려움 없이 이동하는 일, 즉 길 찾기(way finding)는 개인의 생활에 영향을 미치는 중요한 부분 중 하나다. 낯선 도시의 약속 장소를 찾아가다 길을 잃어 당황한 경험이 있는 사람이나, 지하철역 입구를 못 찾아 약속시간에 늦어본 사람은 길 찾기의 중요성을 잘 안다. 연령, 성격, 직업 등 개인 특성이나 환경 노출(경험) 정도 등 여러 변수에 따라 차이가 있겠지만, 우리 각자는 자신이 사는 동네나 도시에 대한 나름의 지도를 머릿속에 넣고 다닌다. 심상지도(Mental Map) 또는 인지지도(Cognitive Map)라 불리기도 한다. 어떤 사람은 한번 밖에 가보지 않은 길을 잘 기억해내지만, 또 어떤 사람은 전혀 기억하지 못한다. 개인이 지닌 공간 지각력과 정위감각(Sense of Orientation)의 차이도 길 찾기에 영향을 미친다.

도시환경의 식별성은 쉽고 빠른 길 찾기를 위한 중요한 요건이다. 식별성은 관찰자에게 차별적이거나 강한 이미지를 줄 수 있는 물리적 환경요소의 특성을 말하는 것으로, 가독성(Legibility) 또는 가시성(Visibility)이라고도 한다. 미국의 도시계획가 케빈 린치(Kevin Lynch, 1918~1984)는 로스앤젤레스를 비롯한 미국 주요 도시를 대상으로 조사·분석하여 통로(Path), 결절(Node), 랜드마크(Landmark), 구역(District), 단(Edge)을 머릿속 지도를 구성하는 주요한 물리적 환경요소임을 밝혀내고 이 다섯 가지 요소가 시각적 식별성을 좌우한다고 보았다.[7] 패턴이 명료한 간선 도로망과 교차로, 주변과 시각적으로 차별화되는 큰 건물이나 독특한 장소, 빌딩숲과 경계가 뚜렷한 강변 등이 적절히 배치된 도시는 그만큼 식별성이 높아져 길 찾기가 수월해진다는 말이다.

출처: Lynch(1960).

▲ 린치의 도시이미지 구성 요소: 왼쪽부터, 통로, 단, 구역, 결절, 랜드마크

요즈음은 스마트폰의 네이버 지도나 구글맵 등 온라인 지도가[8] 길 찾기의 필수품이지만, 도시 곳곳에 설치된 교통지도와 건물안내도와 같은 오프라인 지도도 여전히 도시 길 찾기의 중요한 수단이다. 특히 '당신의 현재 위치는 여기입니다(You Are Here)'라고 알려주는 안내지도를 '야맵'(YAH Map)[9]이라 하는데 지하철역, 버스 터미널 대합실, 도심 보행자 가로, 도시공원 입구 등 공공시설뿐 아니라 오피스 빌딩의 로비, 아파트단지 등 도시 곳곳에서 볼 수 있다. 야맵은 현재 위치에서 출발하여 찾아가는 목적지의 방향과 경로 그리고 거리를 보여주기 때문에 매우 유용한 도시 탐색 수단이다.

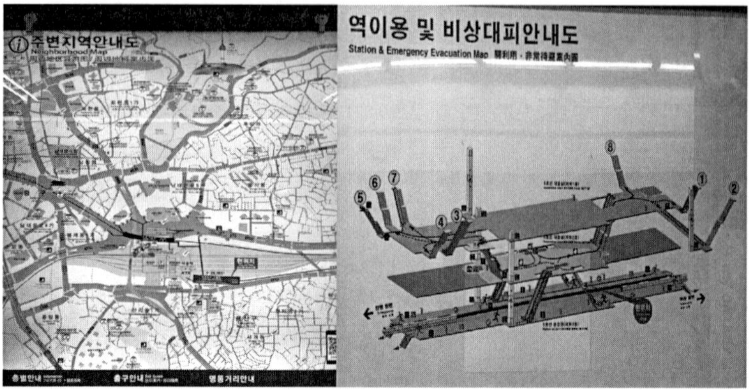

▲ 지하철역의 야맵: 주변 지역 안내도(왼쪽), 역이용도(오른쪽)

하지만 종종 야맵 때문에 길 찾기가 더 어려워질 수도 있다. 실제의 방위와 부착된 지도의 방위가 서로 일치하지 않을 때, 예를 들어 지도에는 왼쪽이 동쪽이나 실제 동쪽은 오른쪽인 경우 이용자의 정위 감각은 혼란스러워진다.[10] 따라서 가로든 건물내부든 야맵을 설치할 때는 실제 방위와 지도상의 방위가 서로 일치하는지 반드시 점검할 필요가 있다.

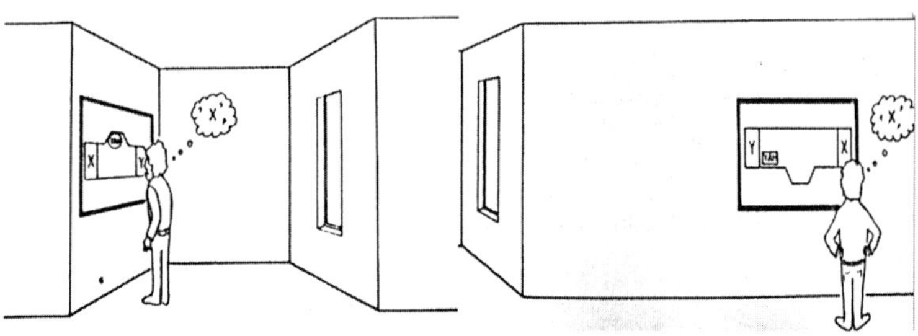

출처: Levine(1982: 228).

▲ 실제와 지도상의 방위가 서로 맞지 않은 사례

심리학자들은 오래전부터 인간의 마음에 뜻밖의 색다름이나 놀라움을 추구하는 본능이 있음을 알았다. 이제 막 걸음마를 하는 신생아가 아무 물건이나 손에 쥐거나 입에 가져가는 행동은 이러한 본능과 무관치 않은 것으로 보인다. 인간은 예상치 못한 색다른 사건이나 광경을 접할 때 도파민이라는 신경전달물질이 분비되면서 "주목하라 흥미진진한 일이 벌어지고 있다"고 뇌에 신호를 준다고 한다.[11]

호기심이야말로 인간의 혁신과 발전을 이끄는 원동력이라는 말도 있지만, 도시의 길 찾기에서도 각자가 가진 호기심, 즉 탐색본능은 중요한 역할을 한다. 시민이 생활형 탐색자라면 방문객은 여행형 탐색자라 할 수 있다. 미국식의 쭉 뻗은 대로보다는 유럽식의 구불구불한 골목길을 더 재미있어하는 것이 사람의 마음이다. '저 골목길 돌아가면 그 뒤에 무엇이 있을까' 궁금해하면서 찾아가는 발걸음을 우리의 두뇌는 더 잘 기억한다. 곧게 뻗어 있어 한꺼번에 길 주위가 다 드러나기보다는 조금씩 발견하면서 가끔은 '우연의 만남'도 기대할 수 있는 길을 우리는 더 재미있고 만족스러워한다. 이는 탐색본능을 자극하는 변화 있는 환경이 식별성을 높여서 길 찾기에 더 도움이 된다는 의미이기도 하다.

▲ 곧게 뻗은 뉴욕 직선 도로(왼쪽), 구불구불한 시에나 캄포광장 골목(오른쪽)

03 도시 광장의 진화와 이용자의 욕구

'모이는 장소'라는 뜻의 그리스의 아고라(agora)에서 시작한 광장의 역사는 곧 도시의 역사라고 할 수 있으며, 그 기능과 역할은 시대와 함께 변화해 왔다.[12] 아고라는 경제활동은 물론이고 시민 일상의 중심공간으로서 창의적 생각과 토론의 공론장이었다. 로마의 포럼(forum)은 공공집회와 행사의 장으로서 역할을 다했다. 중세의 광장은 그리스, 로마의 광장처럼 경계가 명확치는 않았지만 시장이나 종교행사를 위한 공간으로 사용되거나, 또는 시청 앞에 위치하여 도시의 중심공간으로 기능했다. 르네상스와 바로크 시대를 거치면서 광장은 축제나 왕과 귀족의 행렬이 펼쳐지는 무대가 되기도 했다. 프랑스 혁명은 광장을 대중 정치의 무대로 변신시켰으며 산업혁명으로 부르주아 계층이 늘어나면서 광장은 다시 자유롭게 토론하거나 교류하고, 집회가 열리는 새로운 공론장이 되었다. 이후 도시의 인구와 규모가 커지고, 또 그만큼 기능과 공간구조도 복잡해지면서 휴양광장, 교통광장, 시장광장, 지하광장, 기념광장 등으로 구분되었다.

물리적 측면에서 광장이 지니는 공통 속성은, 첫째 빈공간이라는 점, 둘째 여러 길이 만나는 공간이라는 점, 셋째 도시의 기능이 결절되는 공간이라는 점, 그리고 활동이 집결하고 분산되는 공간이라는 점이다. 이러한 속성을 감안하면 광장은 행사형, 소통형, 융합형으로 묶어낼 수 있을 것이다.

▶ 광장의 진화

유형	행사형	소통형	융합형
특성	강제적	참여적	자발적
주요 기능	정치집회, 홍보·행사	상거래, 경제활동	문화, 창조적 활동
사례	• 캄피톨리오 광장(로마) • 붉은 광장(모스크바) • 서울광장 • 광화문광장	• 경의선 늘장(서울) • 퀸시(Quincy)마켓 (보스톤)	• 아고라(그리스)

'만남의 무대'로서 광장은, 그 유형과 기능에 무관하게, 사회적 접촉(social contact) 욕구, 즉 소외되거나 고립되기 싫어하는 공동체 지향의 욕구를 충족시킨다. 친구를 만나 대화하고, 가족과 점심을 먹고, 동료를 기다리면서 커피를 마시는 일, 버스킹이나 거리공연을 즐기는 일, 노점상을 구경하는 일, 벤치에 앉아 보행자들을 바라보면서 휴식하는 일 모두가 타인과의 직·간접 접촉과 교류를 전제로 하는 것이다.

광장 이용자는 접촉의 욕구와는 다소 반대 성향이라 할 수 있는 성향, 즉 조망과 은신의 욕구도 표출한다. 많은 이들이 뒤쪽은 상점이나 건물로 막혀 있어서 보호받는 느낌을 주면서 앞쪽은 광장을 훤히 바라볼 수 있는 그런 가장자리를 선호하는 이유가 여기에 있다. 조망과 은신의 욕구를 반영하는 디자인을 강조하는 이가 바로 비엔나 출신의 건축가이자 설계이론가인 크리스토퍼 알렉산더(Christopher Alexander, 1936~2022)다. 그는 건축·도시 디자인 어휘사전이라 할 수 있는 '패턴 랭귀지(A Pattern Language)'에서 광장의 가장자리에 활동 포켓(Activity Pocket) 만들어 광장과 면하게 하는 방식을 제안한다.

> "사람들은 광장의 가장자리(edge)로 몰려들기 마련이다. 그들은 탁 트인 공간에서 오래 머물지 않는다… (광장)가장자리가 사람들이 자연스럽게 더 머물 수 있는 장소가 되지 못하면, 가장자리는 머무는 장소가 아니라 지나가는 통로가 될 뿐이다. 따라서 공공 광장은 활동 포켓으로 둘러싸여야 한다."[13]

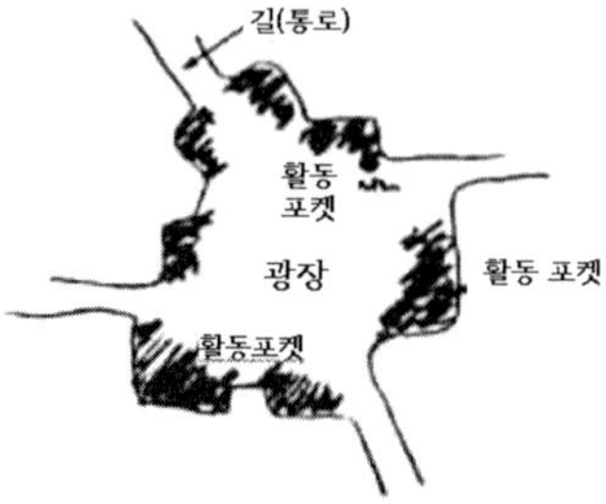

출처: Alexander(1977: 602).

▲ 활동포켓 개념도(왼쪽), 베니스 캄포 산 안젤로 광장(오른쪽)

많은 사람이 함께 모이는 광장에서 홀로 존재하는 개인은 없다. 머무는 위치와 타인과의 거리, 계단과 시설물 배치 같은 물리적 환경에 의해 영역성이 생기기도 하지만, 전체적으로 보면 광장에서 개인은 다수의 일원일 뿐이다. 군중심리라는 말이 함축하듯이, 광장에 모인 군중의 마음이 어느 한쪽으로 분출될 때 도시공동체의 역사가 요동치는 모습을 우리는 늘 보아 왔다. 그런 의미에서 광장은 때로는 도시 사회의 변동을 가늠하는 나침판 같은 공간이기도 하다.

[미주]

1 존 던의 시, 장영희(2006: 41).

2 목적과 의도 역시 욕망에서 나온 것이며, 그런 의미에서 인간의 욕망을 부추기지 않는 도시는 무용지물이라 할 수 있다(윌슨 지음, 박수철 옮김, 2021: 101).

3 스미스 지음, 엄성수 옮김(2015: 258).

4 솔닛 지음, 김정아 옮김(2017: 281~282).

5 스미스 지음, 엄성수 옮김(2015: 270~271).

6 싱가포르처럼 운행 가능한 차량의 대수를 엄격하게 총량 관리하는 도시는 예외적인 경우다.

7 Lynch(1960).

8 스마트폰의 온라인 지도로 도시를 탐방하거나 목적지를 찾아갈 경우, 지도에서 눈을 떼기 어려워져 공간의 지형, 분위기, 볼거리, 경험의 기회를 놓치게 된다. 몸은 실제 환경 속에 있으나 두뇌와 마음은 가상공간에 머무는 일종의 '심신 분리현상'이 일어나기 때문이다.

9 'You Are Here Map'의 앞머리 글자를 따서 붙인 이름이다.

10 Montello and Sas(2006).

11 스티브 존스는 이를 도파민 생성으로 인한 '색다름 보상(novelty bonus)'으로 설명한다(존스 지음, 홍지수 옮김, 2017: 414~415).

12 플라자(plaza)와 스퀘어(square) 모두 광장을 뜻하지만, 전자는 스페인어의 개방된 땅을 의미하는 piazza에서 유래된 말로 번화가의 개방된 공적 공간, 건물, 상점, 사무실 등으로 둘러싸인 광장을, 후자는 Town Square, Market Square처럼 정방형이나 장방형으로 된 광장을 지칭하는 경우가 많다.

13 Alexander(1977: 600).

13장

건강하고 안전한 도시를 만드는 방법

"... 모든 사람이 바삐 서두르며, 흥분과 불안에 사로잡혀 있다...... 도시생활은 갈수록 복잡해지고 끊임없이 바쁘게 돌아간다. 기진맥진한 신경은 더욱 강한 자극과 짜릿한 쾌락을 통해 기력을 되찾으려고 하지만, 오히려 더욱 피곤해질 뿐이다."

지그문트 프로이트[1]

01 욕망이 만든 도시, 도시가 만든 인간

기원전 4천 년경 '비옥한 초승달(Fertile Crescent)'로 불리는 메소포타미아 남부지역에서 최초의 도시 우르크(Urk)가 생겨났다. 이후 도시는 언제나 외부환경에 투쟁하고 적응하는 가운데 인간의 욕망으로 성장하고 변화해 왔다. 어떻게 살아야 행복하며, 또 세상의 완전함(이데아)이란 무엇인지 끈질기게 밝히려 한 아테네는 정치, 교역, 철학, 예술을 포함한 온갖 분야를 뒤섞는 '관념과 물질의 순환과 교환'의 욕구가 분출되는 공간이었다.[2] 한 번에 6만 명 이상이 목욕을 즐겼다는 카라칼라 대욕장(Termi di Caracalla)을 비롯해 900여 개의 목욕탕이 있었다는 로마는, 크고 웅장할수록, 또 많을수록 좋다고 믿었던 로마인의 과시욕을 여실히 드러낸다.

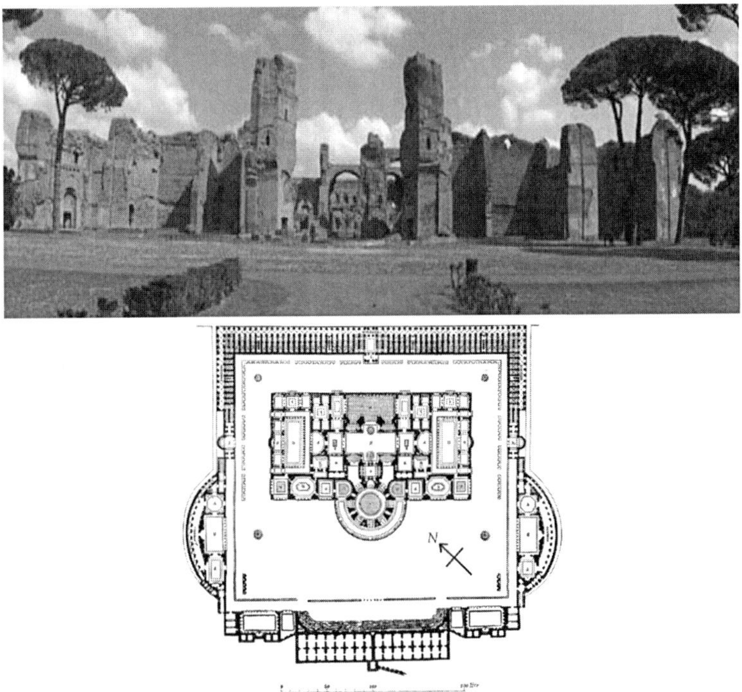

출처: wikimedia.commons

▲ 칼라칼라 대욕장 정면(위), 평면(아래)

제노바(Genova), 브뤼헤(Bruges), 툴루즈(Toulouse) 같은 중세도시는 봉건영주의 정치적 지배욕과 상인조합인 길드의 경제적 독점욕으로 포장되었다. 르네상스 시대 피렌체는 교회의 건재함 속에 있기는 했으나 문화예술에 막대한 투자를 계속하면서 시민존중의 공동체를 강화함으로써 시민을 장악한 메디치가의 권력욕으로 채워졌다.[3] 컨베이어 벨트로 상징되는 대량생산 방식을 퍼뜨린 영국의 초기 산업도시에서는 공장주의 자본축적 욕구가 적나라하게 표출되면서 노동자의 생계와 주거, 건강과 위생이 심각하게 위협받았다.

출처: wikimedia.commons

▲ 중세의 피렌체 지도(위), 초기의 산업도시(아래)

대다수 도시거주자는 교회나 권력자의 통제, 도시나 국가 간 전쟁, 빈곤과 기아, 전염병과 기후재난 등으로 어려운 삶을 살았다. 하지만 인간욕망이 언제나 부정적 결과만을 가져온 것은 아니었다. 장애와 역경에 대응하고 적응하면서 어려움을 극복하는 데

때로는 오랜 시간이 필요했지만, 어떤 때는 신속하게 해결책을 제시하면서 끊임없이 도시를 더 많은 기회와 혜택의 장소로 만들어 왔다.[4] 예를 들어, 중세 봉건체제를 벗어나 근대 시민사회로 이행하는 데는 수백 년이 걸렸지만, 초기 산업도시의 빈곤과 주거 문제의 대안으로 로버트 오언(Robert Owen, 1771~1858)이 공동체 뉴 라나크(New Lanark, 1800)를 시작하고 하워드(Howard)가 전원도시 협회(1899)를 창설하여 런던 북쪽에 레치워스(Letchworth)를 만드는 데는 그리 오랜 시간이 걸리지 않았다.

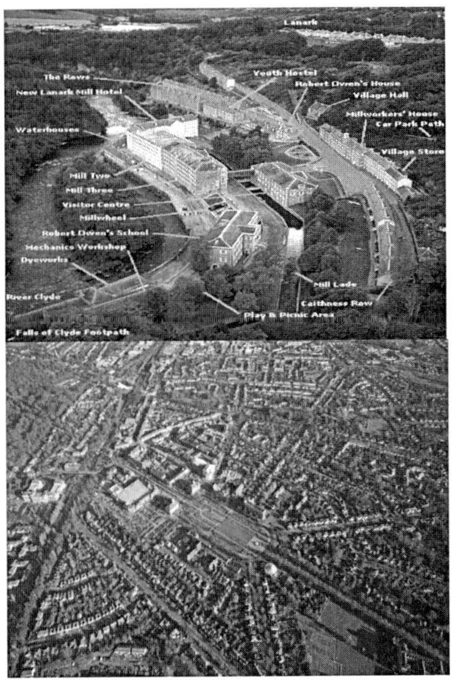

출처: wikimedia.commons

▲ 뉴 라나크(위), 레치워스 전원도시(아래)

여기서 잊지 말아야 할 점은 도로와 건물, 공원과 광장, 터미널과 공항, 학교와 공공기관 등 수 많은 건조환경이 인간의 욕구와 필요로 생겨나지만 동시에 그러한 환경이 인간의 마음과 행동에 많은 영향을 준다는 점이다. 독일군의 폭격으로 무너진 국회의사당(웨스트민스터 궁전) 복구공사를 앞두고 "우리는 건물을 만들고 건물은 우리를 만든다"고 한 윈스턴 처칠(Sir Winston Churchill, 1874~1965)의 말은 바로 인간-환경의 본원적 상호작용을 꿰뚫은 통찰이라 하겠다.

도시가 인간의 욕구, 성격, 행동 양식에 미치는 영향에 대한 관심은 근대 도시화의 진전과 함께 증대되어왔다. 18세기 산업혁명 초기에 세계인구의 3%에 불과하던 도시인구는, 농업 생산성 증대로 인한 농촌 잉여인력의 도시 이주, 과학기술 발전에 힘입은 수명 연장, 출산율 증가 등으로 1900년에는 16억, 1950년에는 25억(세계인구의 30%)으로 증가하였다. 지금은 전 세계인구의 절반 이상이 도시에 거주하며, 2050년이 되면 100억 인구 중 70%가 도시에 거주할 것으로 전망된다. 도시거주자의 비율이 높아지는 만큼, 인간의 마음과 행동에 대한 도시환경의 영향과 마음이 건강할 수 있는 도시에 대한 연구자와 일반인의 관심도 커지고 있다.

02 건강하고 적극적인 활동을 돕는 도시디자인

시민의 건강과 웰빙(안녕)에 영향을 주는 요인은, 개인의 건강 상태나 경험, 생활양식 외에, 주거와 직장 그리고 동네환경의 물리적 측면 외에도 빈곤(불균등)과 일자리(실업)의 경제적 측면, 보건복지 및 행정서비스의 사회정책 측면 등 매우 다양하다. 세계보건기구(WHO)가 '건강도시운동(Healthy Cities Movement)'[5]의 추진요건으로 깨끗하고 안전한 물리적 환경과 더불어 사회적 공동체성, 경제적 자립 그리고 복지·문화의 장려 등을 포함 시키는 것도 같은 맥락이다.

우리는 종종 랜드마크나 아이콘(Iconic) 건물, 예를 들어 초현대식 문화시설, 스포츠 콤플렉스나 대규모 쇼핑시설에서 도시생활의 편리함과 세련됨, 재미와 즐거움을 느끼기도 하지만, 그렇다고 해서 도시환경이 주는 압박감과 부담감으로부터 완전히 해방되는 것은 아니다. 9장 2절에서 설명한 대로 바쁘고 복잡한 도시생활에서 통제된 주의상태가 계속되면 집중력이 저하되어 스트레스 상태에 놓이게 되고, 이 심리적 압박상태를 해소하는 하나의 수단으로 자연에서 시간을 보내지만, 도시로 돌아오면 회복효과는 멈추게 되고 다시 타율적 몰입과 긴장의 시간에 직면하게 된다. 이것은 자신의 동네와 도시에서도 건강한 생활이 가능하도록 환경을 구축하는 일이 중요함을 함축하는 것이다. 특히 경제적, 시간적 여유가 부족한 계층에게 동네와 도시에서 '회복'의 기회를 제공하는 일은 매우 중요하다.

승용차 중심 교통체계를 대중교통 중심으로 전환하고, 차도를 줄이고 보도와 자전거도로를 늘려서 보행자와 자전거 이용자에게 편리한 교통망을 갖추는 일, 공원과 녹지를 연결하고 보행루프(loop)를 만드는 일은 시민의 운동, 질병예방[6]과 건강에 도움이 될 뿐만 아니라, 차량 운행을 줄여 대기질 개선과 에너지 절약에도 기여한다. 산업시대에는 도시 토지를 단일 용도로만 사용함으로써 용도 간 분리가 심화되었고 이는 직주분리로 인한 교통비 증가와 도심 경제 공동화라는 부작용을 낳았다. 변두리 지역에 들어서는 아파트단지와 근린시설은 도시 내 직장으로의 승용차 교통을 증가시키고, 이는 곧 주민의 보행(운동)기회를 앗아가는 결과를 가져올 뿐만 아니라, 에너지 소비와 환경부하를 더욱 가중시킨다.

위와 같은 확산형 도시의 문제는 토지이용을 복합화하고 집약하는 방식으로 어느 정도 해소할 수 있을 것이다. 압축도시 혹은 콤팩트 시티(Compact City)라 불리는 이 방식은 단일 필지에 둘 이상의 용도(기능)를 고밀도로 허용하여 중심으로 몰리는 인구와 자본을 효율적으로 소화하는 접근이다.[7]

시민의 건강 측면에서 보면, 주거, 업무, 쇼핑과 여가, 공공, 교육시설 간 근접성을 확보하여[8] 이동시간이 줄게 되면, 대중교통, 보행, 자전거 중심의 교통패턴을 정착시킬 수 있고 쾌적성이 증진되며 시민의 운동량도 늘어나게 되어 건강도 좋아질 수 있다.

또 동네에서 주민의 보행과 자전거 이용이 늘어나면 이동하면서 타인과 접촉하거나 교류할 개연성도 높아지며, 그런 만큼 주민 활동도 적극적으로 변하게 되어 공동체의 결속력을 키우는 데도 도움을 줄 수 있다.

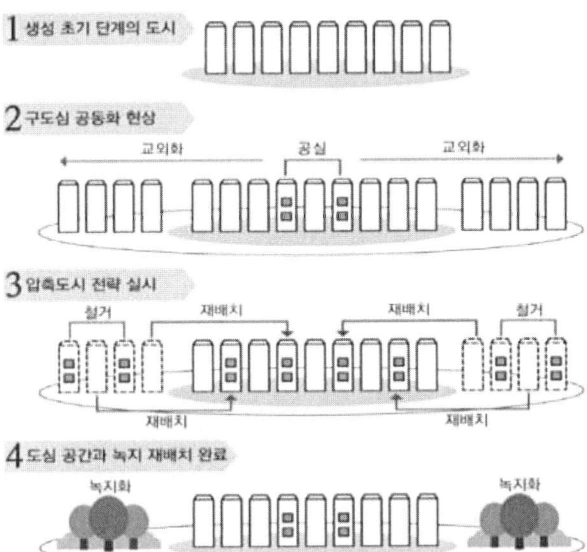

출처: 국토연구원

▲ 차도, 보도, 자전거도로의 공존(위), 압축도시 개념도(아래)

03 모두에게 자연을 제공하는 도시디자인

인간은 자연 가운데 머물 때 신체적으로 건강하고 정신적으로도 안정된다. 자연체험은 도시 생활에서 오는 스트레스의 해독제 역할을 한다. 일상에서 자연을 더 가까이, 더 자주, 더 다양하게 체험하도록 하는 다양한 방법이 있다.[9] 다양한 자연요소나 자연적 과정을 시민의 시각을 포함한 청각, 촉각, 후각, 미각으로 연결하는 것은 매우 중요하고 기본적인 전략이다. 자연 속에서 생태계의 특징이나 계절적 변화를 느끼고 이해하는 것도 좋은 방법이다. 물(water)의 존재를 보고, 듣고 접촉하도록 하는 방법도 훌륭한 스트레스 해소법이 될 수 있다.

일상에서 공원이나 가로수길 같은 녹지를 가까이 할수록 우울감도 줄어들고 인지적 기능의 개선에도 도움이 된다.[10] 최근 여러 도시에서 추진하는 옥상정원, 마을 정원 가꾸기 사업도 마찬가지다. 도시의 녹색환경 디자인을 위한 제1원칙은 자연을 '모든' 시민의 삶의 일부가 되게 하는 것이다. 시민공원, 지구공원, 근린공원, 어린이 공원 등 규모가 다른 공원을 위계와 접근성을 고려하여 골고루 분포시키고 공원과 공원을 녹지로 연결하여 네트워크화한다. 면적이 같다면 하나의 대규모 공원보다는 규모가 작은 여러 개의 공원을 여기저기 배치하는 것이 접도 길이가 길어져 이용인구도 늘릴 수 있다. 이것이 도시 내에서 공원·녹지를 만드는 원론적 방식이다.

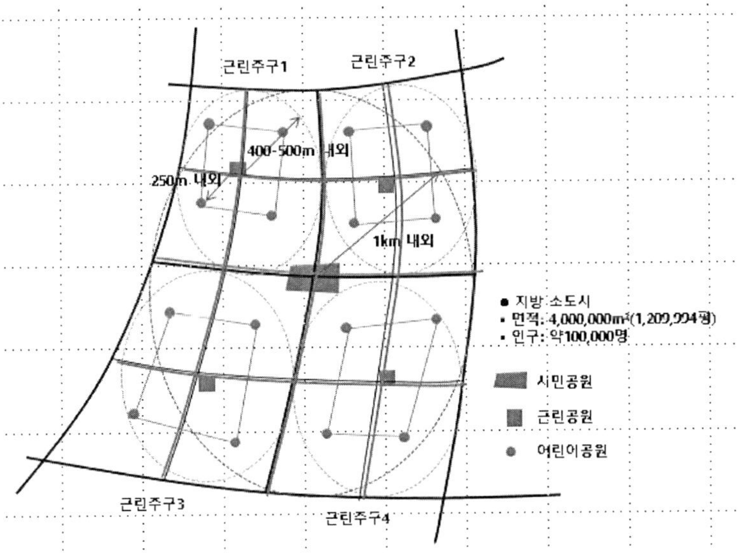

▲ 도시공원·녹지 네트워크 개념도

최근에는 대담한 발상의 전환도 이루어지고 있다. 도시 속의 공원이 아니라, 아예 '공원 속에 도시를 만들자'는 전략이다. 바이오필릭 시티(Biophilic City)로 불리는 이 개념은 4장 3절에서 설명한 대로 우리 마음속에 잠재한 자연사랑 본능, 바이오필리아를 근거로 하는 것이다.

한여름 도시 바닥 분수에서 물놀이를 즐기거나, 시원한 계곡의 물을 찾아가거나, 해변에서 물놀이를 하고 싶은 욕구 모두 자연에 끌림이 있기 때문이다. 물은 인간을 포함한 모든 생명의 근원[11]이자 풍요로운 자연을 유지하는 근본자원이다. 호수, 하천, 강, 분수 등 도시의 물 역시 자연의 일부임을 생각하면 물을 가까이하고 싶은 인간의 마음 역시 바이오필리아의 일부이다. 또 우리가 태어나기 전 어머니의 뱃속 양수에서 10개월을 보낼 때의 무한한 평화로움을 기억하는 것일 수도 있다.

공원·녹지 디자인과 마찬가지로 수공간 계획 역시 위계와 접근성을 고려하여 골고루 분포시키면서 연계시키는 것이 중요하다. 또 호수공원, 수변 녹지, 분수광장에서 볼 수 있듯이 공원, 녹지, 광장 등 다른 공공시설과 함께 계획하는 것도 좋은 방법이다. 다만 호수나 하천 등 커다란 수 공간에 산책로 등 시설을 설치할 경우 안전에 대한 고려를 충분히 해야 한다.

04 소통과 결속을 강화하는 도시디자인

시민에게 도시는 건물(구조물)이나 객관적 공간이라기보다 의미를 담고 있는 주관적 장소이자 생활 그 자체다. 시민의 지각과 행동, 신념으로 용해된 도시는 곧 시민의 마음속 도시, 시민이 바라는 도시이다.[12]

거리와 골목을 비롯한 다양한 장소에서 만나고 대화하는 자유로운 비공식적 접촉과 활동, 또 그로 인해 강화되는 사회적 유대감과 결속력은 도시의 생명력을 유지하는 필수조건이며, 도시 건강성의 지표들이다.[13] 사람들이 서로 소통하고 공감하며 연대하는 데 도움이 되는 기반시설은 '사회적 인프라'라 한다.[14] 공원, 광장, 가로, 차 없는 거리나 제3의 장소가 될 수 있는 도서관,

놀이터, 카페, 상점, 베이커리 등은 만나고 대화하고, 구경하고 커피를 마시면서 바라보고 하는, 어쩌면 일상적이고 사소한 행동을 자유롭고 안전하게 할 수 있도록 디자인되어야 한다. 그래야 이웃, 친구, 동료, 아니면 처음 만나는 사람과 스스럼없이 대화하게 되고, 또 소외감이나 우울감에서 벗어나는 데도 도움이 된다. 이런 사소한 활동 하나하나가 모여서 전체로서 사회적 응집력을 키우게 되는 것이다.

앞서 설명한 압축도시 방식, 예를 들어 상점, 업무공간, 주거를 같은 동네에 섞어서 배치하는 접근도 부담 없이 만나 교류하고 어울리는 환경을 조성함으로써 상호작용을 촉진하고 외로움과 싸울 수 있도록 하여 자기 확신을 강화하고 커뮤니티 소속감을 높이는 데 기여한다. 도시 쇠퇴지역의 재생사업 역시 사회적 인프라를 강화하는 좋은 방편이 될 수 있다.

▲ 창원시 골목재생 사업 전(왼쪽), 사업후(오른쪽)

빈집과 빈 상점, 골목의 오래된 설비를 고치고 업그레이드하여 새로운 용도로 주민과 청년을 불러 모으고, 주거와 경제의 활력을 증진함으로써 사회적 유대와 응집력을 키우는 것이 재생사업의 공동체 회복이라는 목표다.

05 사고와 범죄로부터 안전한 도시디자인

가로, 공원, 광장, 상점, 카페가 시민의 자유로운 사회적 삶(social life)을 온전히 담아내려면 무엇보다 안전이 전제되어야 한다. 사고로부터 안전(safety)과 범죄로부터 안전(보안, safety) 둘 다 중요하다. 안전수준을 높이는 도시디자인 방법은 무엇일까?

오늘날 도시가 사고와 범죄에 대응하는 방식은 '인간적' 접근과는 거리가 멀다. CCTV로 불리는 폐쇄회로TV로 골목 구석구석을 24시간 촬영하여 교통사고의 원인을 규명하거나 범인을 추적하는 방식은 서로에게 무관심한 도시의 '스마트함'을 보여줄지는 모르지만, 나의 얼굴과 행동이 어디서나 언제나 영상으로 기록되고 감시된다는 찜찜함을 지우기 어렵다.

첨단기술에 의존하는 방식은 차선책은 되지만, 도시 사회의 안전을 담보하는 최선의 방안으로 보기는 힘들다. 노천카페의 한가한 손님, 맞은편 연립주택 발코니에서 뜨개질하는 할머니, 공원의 산책자, 거리의 행인과 아이들이 도시의 안전을 지키는 눈(감시자)이 되는 편이 더 사회적으로 바람직하다. 제인 제이콥스가 제시하는 '거리의 눈(eyes on the street)'[15]이나 오스카 뉴먼이 개발한 방어적 공간(defensible space)[16]의 개념은 모두 환경사용자의 공간에 대한 자발적 관심이 사고와 범죄 예방의 효과적 접근임을 강조한다. 최근 논의되는 범죄예방환경디자인(CPTED, 셉티드)[17]에서도 주택의 담장을 없애거나 투시형으로 바꾸고, 발코니에서 도로방향 시선을 확보하는 방식 등으로 이웃과 외부인의 활동을 관찰할 수 있도록 권고하지만 자연적 감시가 쉽지 않은 것이 오늘날 도시환경이다.

출처: 경찰청생활안전국

▲ 방어적 공간의 개념도

시민안전을 지킨다는 명분을 내세우지만, 도리어 시민을 감시하고 통제하는 권력의 도구로 전락할 잠재적 위험성[18]을 안고 있는 CCTV에 우리의 도시를 내맡기게 된 연유는 무엇일까? 경제성장과 함께 소득수준이 높아지면서 전통사회의 사회(공동체)적 가치보다 오로지 자신의 이해관계를 기준으로 의사결정을 하는

'세속적 합리성'이 생활을 지배하게 된다. 이러한 개인주의는 도시를 타인에 대한 무관심이 팽배한 건조한 공간으로 만들며, 따라서 시민의 안전도 사람(인간관계)이 아닌 기계(기술)에 의존할 수밖에 없는 결과를 가져오는 것은 아닐까?

가로나 공원 그리고 광장과 같은 도시 외부공간이나 아파트 입구 로비와 복도, 단지 내 도로와 놀이터 등 아파트 외부공간의 안전은 시민이나 거주자가 외부공간을 마음대로 통제할 수 있는가가 중요하다. 프루이트 아이고 주거단지가 무관심과 방치, 그리고 반달리즘으로 치닫게 된 것도 복도를 비롯한 공용공간에 대한 자발적 통제가 불가능했기 때문이다. 경찰의 순찰과 폐쇄카메라에 의존하는 타율적 통제보다 사람들 스스로 그 환경을 사용하면서 자연스럽게 관심을 갖고 살피는 자조적(self-help) 방식이 효과적임을 알아야 한다. 공공공간에서 안전을 담보하는 가장 바람직한 방법은 타자에 대한 배려와 신뢰다.[19]

[미주]

1 프로이트 지음, 김석희 옮김(2020: 12).

2 윌슨 지음, 박수철 옮김(2021: 142).

3 성제환(2013).

4 이런 맥락에서 도시는 유토피아(utopia)이자 디스토피아(dystopia)다(윌슨 지음, 박수철 옮김, 2021: 118).

5 건강도시란 '물리·사회적 환경을 지속적으로 개선하고 창출하며 지역의 자원을 증대시킴으로써 구성원 개개인의 능력을 모두 발휘하고 잠재 역량을 개발하여 상부상조할 수 있도록 하는 도시'를 말한다.

6 운동은 심장병, 뇌질환 발생을 줄여 정신적 건강 뿐만 아니라 육체적 건강에도 도움이 된다.

7 '콤팩트'의 개념은 일정 구역 내에서 기능(용도)복합을 통한 이동성 감소와 직주근접을 강조하며, 용적률과 층수를 늘려주는 초고밀화 초고층화를 지향하지는 않는다.

8 특히 집과 직장 간 접근성이 중요한데, 출퇴근 시간이 길거나 교통비가 비싸면 고용기회는 무용지물이다. 따라서 주거지 분포를 고려하면서, 저소득층과 교통약자를 포함한 모두에게 균등한 접근성을 보장하는 것이 중요하다.

9 Browning and et al.(2014).

10 몽고메리 지음, 윤태경 옮김(2014: 194~197).

11 아기 몸은 75%, 노인 몸은 55%가 물이다. 매일 몸 전체 수분 중 5%가 소실되고 물과 음식을 통해 보충된다.

12 물리적 실체로서의 도시를 빌(ville) 정신적 장소로서의 도시를 시테(cité)로 명명한다 (세넷 지음, 김병화 옮김, 2020).

13 Jacobs(1961).

14 클라이넨버그 지음, 서종민 옮김(2019).

15 Jacobs(1961: Chap.2.).

16 Newman(1972).

17 자연적 감시 외에도 접근통제, 영역성, 활동지원, 유지관리 그리고 주민참여가 CPTED의 주요 구성요소이다.

18 푸코 지음, 오생근 옮김(2011).

19 Jacobs(1961: 73).

참고문헌

단행본 및 논문

- 가스통, 바슐라르 지음, 곽광수 옮김(1990), **공간의 시학**, 서울: 민음사.
- 강영환(1994), **집의 사회사**, 서울: 웅진출판.
- 겐고, 구마 지음, 이정환 옮김(2015), **작은 건축**, 파주: 안그라픽스.
- 고배원(2016), "미국 친환경 학교건축 사례 기고문 시리즈: 2. 건강한 학교 만들기" **학교교육시설학회지**, 23(6): 21~24.
- 골드버거, 폴 지음, 윤길순 옮김(2011), **건축은 왜 중요한가**, 파주: 미메시스.
- 골드헤이건, 세라 W. 지음, 윤제원 옮김(2019), **공간혁명: 행복한 삶을 위한 공간심리학**, 파주: 다산북스.
- 권태호(2016), "늙어가는 한국사회와 고령친화 건조환경", 이웅직 외 7인, **고령친화생활과 건축**, 서울: 진영사.
- 권태호(2017a), "아시아 도시의 재난취약성과 인도주의 건축의 역할", **아시아연구**, 20(4): 1~23.
- 권태호(2017b), **도시건축과 삶의 문화 (강의노트)**, 세명대학교 건축학과.
- 기든스, 앤서니 지음, 김미숙 외 6인 옮김(2003), **현대사회학**, 서울: 을유문화사.
- 대한국토·도시계획학회(2004), **서양도시계획사**, 서울: 보성각.
- 루트번스타인, 로버트·미셸 루트번스타인 지음, 박종성 옮김(2007), **생각의 탄생**, 서울: 에코의 서재.
- 매슬로 A. 지음, 정태연·노현정 옮김(2005), **존재의 심리학**, 서울: 문예출판사.
- 머터, 존 C. 지음, 장상미 옮김(2016), **재난불평등: 왜 재난은 가난한 이들에게만 가혹할까**, 파주: 동녘.

- 몽고메리, 찰스 지음, 윤태경 옮김(2014), **우리는 도시에서 행복한가**, 서울: 미디어윌.
- 문정인·이상호(2006), "재해·재난에 따른 임시주거 유형에 관한 사례연구", **대한건축학회논문집 계획계**, 22(9): 141~148.
- 미쿤다, 크리스티안 지음, 김해생 옮김(2011), **마음을 훔치는 공간의 비밀**, 파주: 21세기 북스.
- 박은숙(2008), **시장의 역사: 교양으로 읽는 시장과 상인의 변천사**, 서울: 역사비평사.
- 박종성(2013), "프랭크 로이드 라이트의 탈리아신 펠로우쉽 설립배경과 역할 연구", **대한건축학회지회연합회 논문집**, 15(4): 61~70.
- 베블런, 소스타인 지음, 박홍규 옮김(2019), **유한계급론**, 서울: 문예출판사.
- 벤야민, 발터 지음, 조형준 옮김(2013), **아케이드 프로젝트 1 & 2**, 서울: 새물결.
- 벡, 울리히 지음, 홍성태 옮김(2014), **위험사회: 새로운 근대성을 향하여**, 서울: 새물결.
- 볼노, 오토 프리드리히 지음, 이기숙 옮김(2011), **인간과 공간**, 서울: 에코리브르.
- 블레이크, 피터 지음, 윤일주 옮김(1985), **근대건축은 왜 실패하였는가**, 서울: 기문당.
- 비틀리, 티모시 지음, 최용호·조철민 옮김(2020), **바이오필릭 시티**, 서울: 차밍시티.
- 설혜심(2017), **소비의 역사: 지금껏 아무도 주목하지 않은 '소비하는 인간'의 역사**, 서울: 휴머니스트출판그룹.
- 성윤정 외 2인(2013), "치유환경을 위한 지원적 디자인의 개념, 특성 및 가이드라인 제안", **Archives of Design Research**, 26(1): 507~523.
- 성제환(2013), **피렌체의 빛나는 순간**, 파주: 문학동네.
- 세넷, 리차드 지음, 김병화 옮김(2020), **짓기와 거주하기: 도시를 위한 윤리**, 서울: 김영사.

- 소로, 헨리 데이비드 지음, 전행선 옮김(2013), **월든**, 서울: 미르북컴퍼니.
- 손택, 수전 지음, 이재원 옮김(2002), **은유로서의 질병**, 서울: 도서출판 이후.
- 솔닛, 레베카 지음, 정해영 옮김(2012), 이 폐허를 응시하라: 대재난 속에서 피어나는 혁명적 공동체에 대한 정치사회적 탐사, 서울: 펜타그램.
- 솔닛, 레베카 지음, 김정아 옮김(2017), 걷기의 인문학, 서울: 반비.
- 슈뢰르, 마르쿠스 지음, 정인모·배정희 옮김(2010), **공간, 장소, 경계: 공간의 사회학 이론 정립을 위하여**, 서울: 에코리브르.
- 슈미터, 발터 지음, 문항심 옮김(2020), **공간의 심리학: 인간의 행동을 결정하는 공간의 비밀**, 서울: 반니.
- 스나이드, 제임스, C·안토니, 캐트니즈 지음, 윤일주 외 옮김(2005), **건축학 개론**, 서울: 기문당.
- 스미스, P.D. 지음, 엄성수 옮김(2015), 도시의 탄생, 고양: 옥당.
- 스턴버그, 에스더, M. 지음, 서영조 옮김(2013), **행복한 공간을 위한 심리학: 공간이 마음을 살린다**, 서울: 길벗
- 아들리, 마즈다 지음, 이지혜 옮김(2018), **도시에 산다는 것에 대하여**, 서울: 아날로그.
- 양용기(2022), **사람, 공간, 건축: 인문학으로 다시 보는 공간**, 서울: 크레파스.
- 애커로프, 조지·로버트 쉴러 지음, 김태훈 옮김(2009), **야성적 충동: 인간의 비이성적 심리가 경제에 미치는 영향**, 서울: 랜덤하우스.
- 엘러드, 콜린 지음, 문희경 옮김(2016), **공간이 사람을 움직인다: 마음을 지배하는 공간의 비밀**, 서울: 더퀘스트.
- 엘리아데, M, 지음, 이은봉 옮김(1998), **성과 속**, 서울: 한길사.
- 오토 프리드리히 볼노 지음, 이기숙 옮김(2011), **인간과 공간**, 서울: 에코리브르.
- 올든버그, 레이 지음, 김보영 옮김(2019), **제3의 장소: 작은 카페, 서점, 동네**

술집까지 삶을 떠받치는 어울림의 장소 복원하기, 서울: 풀빛.

- 웨스트, 제프리 지음, 이한음 옮김(2018), **스케일**, 파주: 김영사.
- 윌리엄스, 리처드 지음, 김수연 옮김(2021), **무엇이 도시의 얼굴을 만드는가**, 서울: 현암사.
- 윌슨, 벤 지음, 박수철 옮김(2021), **메트로폴리스**, 서울: 매경출판.
- 윤도근 외(2018), **건축설계·계획**, 서울: 문운당.
- 이억범 외 6인(2014), **심리학개론**, 서울: 동문사.
- 임승빈(2007), **환경심리와 인간행태: 친인간적 환경설계연구**, 서울: 보문당.
- 임은정(2021), 정신건강에 영향을 미치는 도시환경 요인에 대한 문헌적 고찰, **주택도시연구**, 11(3): 79~101.
- 장영희(2006), **생일: 사랑이 내게 온 날 나는 다시 태어났습니다**, 서울: 비채.
- 전중환(2010), "진화심리학: 인간마음의 진화적 토대", **한국심리학회학술대회자료집**, pp.189~201.
- 정미렴(2012), "매슬로우의 욕구단계 이론에 의거한 노인요양시설 치유환경 요소의 위계에 관한 연구", **한국실내디자인학회 논문집**, 21(1): 240~247.
- 정주성(2012), "교육시설 정책 변천에 따른 초등학교 건축공간 변화 추이 분석", **한국교육시설학회논문집**, 19(2): 3~12.
- 조효제(2020), **탄소사회의 종말**, 서울: 21세기북스.
- 존슨, 스티브 지음, 홍지수 옮김(2017), 원더랜드: 재미와 놀이가 어떻게 세상을 창조했을까, 서울: 한국경제신문 한경BP.
- 주경철·민유기 외(2017), **도시는 기억이다: 공공기념물로 본 서양 도시의 역사와 문화**, 파주: 서해문집.
- 천장환(2013), **현대건축을 바꾼 두 거장: 프랭크 로이드 라이트 VS. 미스 반 데어 로에**, 서울: 시공사.
- 최재천(2011), **호모심비우스**, 서울: 이음.

- 칸트, 데이비드 지음, 허동국 옮김(1997), **건축심리**, 서울: 기문당.
- 크로포트킨, P. A. 지음, 김영범 옮김(2005), **만물은 서로 돕는다: 크로포트킨의 상호부조론**, 서울: 르네상스.
- 클라이넨버그, 에릭 지음, 서종민 옮김(2019), **도시는 삶을 어떻게 바꾸는가: 불평등과 고립을 넘어서는 연결망의 힘**, 파주: 웅진지식하우스.
- 키드웰, 폴 지음, 김성환 옮김(2017), **헤드스페이스: 영혼을 위한 건축**, 서울: 파우제.
- 페어팔, 바바라 지음, 서유리 옮김(2017), **공간의 심리학**, 서울: 동양북스.
- 포티, 에이드리언 지음, 이종인 옮김(2009), **건축을 말한다**, 파주: 미메시스.
- 푸코, 미셸 지음, 오생근 옮김(2016) **감시와 처벌**, 파주: 나남출판사.
- 프로이트, 지그문트 지음, 김석희 옮김(2020), **문명속의 불만**, 파주: 열린책들.
- 피터슨, 조던, B. 지음, 김진주 옮김(2021), **의미의 지도**, 서울: 앵글북스.
- 허츠, 노리나 지음, 홍정인 옮김(2021), **고립의 시대**, 파주: 웅진지식하우스.
- 홀, 에드워드 지음, 최효선 옮김(2000), **문화를 넘어서**, 파주: 한길사.
- Alexander, C.(1964), **Notes on the Synthesis of Form**, Harvard University Press.
- Alexander, C.(1977), **A Pattern Language**, New York: Oxford University Press.
- Appleton, J.(1975/1996), **The experience of landscape**, London: Wiley.
- Aquilino, Marie J.(ed. 2011), **Beyond Shelter: Architecture and Human Dignity**, New York: Metropolis Books.
- Barton, Hugh and Catherine Tsourou(2000), **Healthy Urban Planning: A WHO guide to planning for people**, London and New York: Routledge.
- Browning, William and et al.(2014), **14 Patterns of Biophilic Design: Improving Health & Well-Being in The Built Environment**, Washington

DC: Terrapin Bright Green.

- Canter, D.(1974), **Psychology for Architects**, Essex: Applied Science Publishers.
- Clamp P. and M. Powell(1982), "Prospect-Refuge Theory under Test" , **Landscape Research**, 7(3): 7~8.
- Dawson, Ashley(2017), **Extreme Cities: The Peril and Promise of Urban Life in the Age of Climate Change**, London and New York: Verso.
- Dosen, A. S. and M.J. Ostwald(2013), "Prospect and Refuge Theory: Constructing a Critical Definition for Architecture and Design" , **The International Journal of Design in Society**, 6(1): 9~23.
- Dosen A.S. and M. J. Ostwald(2016), "Evidence for prospect- refuge theory: a meta-analysis of the findings of environmental preference research" , **City, Territory and Architecture**, 3: https://doi.org/10.1186 /s40410-016-0033-1.
- Elizabeth, A.G. and M.H. Ramage(2015), **Bahay Kawayan: A Traditional House for the Philippines**, Cambridge: University of Cambridge.
- Hardin, G.(1968), "The Tragedy of the Commons" , **Science**, 162: 1243~1248.
- Heimsath, C.(1977), **Behavioral Architecture**, New York: McGraw-Hill Book.
- Holahan, Charles, J.(1982), **Environmental Psychology**, New York: Random House.
- Husserl, E(1973), **Logical Investigations,** Findlay JN, Trans., London: Routledge, Originally published in German(1900) Logische Untersuchungen. 1, Prolegomena.
- Ito Toyo and et al.(2013), **Architecture. Possible Here? Home-for-All**, Tokyo: Toto Publishing.
- Jacobs, Jane(1961), **The Death and Life of Great American Cities**, New York: Random House.

- Jacobs, Jane(2016), **Vital Little Plans: The Short Works of Jane Jacobs**, New York: Random House.
- Jencks, Charles(1984), **The Language of Post-Modern Architecture**, London: Rizzoli.
- Kaplan, R. and S. Kaplan(1989), **The Experience of Nature: A Psychological Perspective**, Cambridge and New York: Cambridge University Press.
- Kaplan, S.(1995), "The Restorative Benefits of Nature: Toward an Integrative Framework", **Journal of Environmental Psychology**, 15(3): 169~182.
- King, Alison(1993), "From Sage on the Stage to Guide on the side", **College Teaching**, 41(4): 30~35.
- Kwon, T.H.(2011), "Cooperation Matters: Asian Volunteer/NGO Networking for Disaster Relief", **Proceedings of 2011 International Volunteer Forum**, Hi Seoul Youth Hostel, Korea Volunteer Forum(KVF).
- Le Corbusier(1933), **The Radiant City**, New York: The Orion Press.
- Le Corbusier(1987), **The City of Tomorrow and Its Planning**, New York: Payson & Clarke.
- Levine, Marvin(1982), "You-Are-Here Maps: Psychological Considerations", **Environment and Behavior**, 14(2): 221~237.
- Lockley, Steven(2021), "What Florence Nightingale Can Teach Us about Architecture and Health", **Scientific American**, Mar.(www.scientificamerican.com/article/what-florence-nightingale-can-teach-us-about-architecture-and-health/(검색일: 2022.8.12.)
- Lynch, K.(1960), **The Image of the City, Mass.**: The MIT Press.
- Lynch, K.(1980), **What Time Is This Place?**, Mass.: The MIT press.
- Maslow, A.(1943), "A Theory of Human Motivation", **Psychological Review**, 50(4): 370~396.

- Maslow, A.(1954), **Motivation and Personality**, Harper & Brothers.
- Montello, Daniel R. and Corina Sas(2006), "Human Factors of Wayfinding in Navigation", In W. Karwowski(ed.), **International Encyclopedia of Ergonomics and Human Factors**, CRC Press, PP.2051~2056.
- Newman, Oscar(1972), **Defensible Space**, New York: Macmillan.
- Newman, Oscar(1996), **Creating Defensible Space**, Center for Urban Policy Research, Rutgers University, U.S. Department of Housing and Urban Development, Washington D.C.
- O' Connor, James P.B.(2003), "Thomas Willis and the background to Cerebri Anatome", **Journal of Royal Society of Medicine**, 96: 139~143.
- Oishi, S. and H. Choi (2020), "Personality and Space: Introversion and seclusion", **Journal of Research in Personality**, 85: 1~6.
- Rapoport, A.(1977), **Human Aspects of Urban Form: Towards a Man-Environment to Urban Form and Design**, Oxford and New York: Pergamon.
- Rossi, A.(1966), translated by Ghirardo, D. and J. Ockman(1982), **The Architecture of the City**, MA and London: MIT Press.
- Ruskin, J.(1849), **The Seven Lamps of Architecture**, London.
- Samus, A. and et al.(2022), "How do urban green spaces increase well-being? The role of perceived wildness and nature connectedness", **Journal of Environmental Psychology**, 82: 1~10.
- Tuan, Yi-Fu(1974), **Topophilia: A Study of Environmental Perception, Attitudes, and Values**, New Jersey: Prentice-Hall.
- Ulrich, Rogers, S.(1984), "View through a Window May Influence Recovery from Surgery", **Science**, Vol.223, pp.420~421.
- Ulrich, Roger, S.(1991), "Effects of Interior Design on Wellness: Theory and Recent Scientific Research", **Journal of Health Care Interior Design**, 3,

pp.97~109.

- United Nations Development Programme(1996), **Human Development Report**.
- UN OCHA(2008), **Transitional settlement and reconstruction after natural disaster,** Geneva: UN.
- Vartanian, Oshin and et al.(2013), "Impact of contour on aesthetic judgements and approach-avoidance decisions in architecture", **Proceedings of the National Academy of Sciences**(PANS Early Edition), July, pp.1~8.
- Vartanian, Oshin and et al.(2015), "Architectural design and the brain: Effects of ceiling height and perceived enclosure on beauty judgments and approach-avoidance decisions", **Journal of Environmental Psychology**, Vol.41, pp.10~18.
- Wilson, Edward(1984), **Biophilia**, Cambridge, M.A.: Harvard Univ. Press.

법, 가이드라인 및 신문

- 경찰청 생활안전국(년도 미상), **범죄예방 환경개선 정책의 바람직한 방향**, 경찰청 생활안전국.
- 교육부(2019), **학교공간혁신사업 가이드라인(안)**.
- **녹색건축물 조성 지원법**(2020).
- 동아일보(2021.7.4.), "나이 드는 게 두렵지 않은' 노후 삶의 터전은… 어디서 누구와 늙어갈까."
- **재난 및 안전관리 기본법**(2021).
- 전주 중산초등학교(2019), 학교공간혁신사업 발표자료.
- 조선일보(2021.10.1), "한국, 2045년엔 일본보다 늙은 나라 된다."

인터넷

- architectuul.com/architecture/central-beheer (검색일: 2022.7.19.)
- en.wikipedia.org/wiki/Palais-Royal (검색일: 2022.8.31.)
- www.fohlio.com/blog/psychology-interior-design-learning-space/ (검색일: 2022.11.25)
- franklloydwright.org/ (검색일: 2022.8.15)
- philinst.snu.ac.kr/ (검색일: 2022.11.10.)
- www.donga.com/news/article/all/20210704/107776480/1 (검색일: 2022.8.12.)
- www.dezeen.com/2011/08/23/softshelter-by-molo/ (검색일: 2022.8.31)
- www.dezeen.com/2015/08/23/designnobis-pop-up-temporary-disaster-relief-shelter (검색일: 2022.8.31)
- www.edra.org/ (검색일: 2022.8.12)
- www.koreanpsychology.or.kr/user/index.asp (검색일: 2022.8.12)
- www.wework.com/ko-KR (검색일: 2022.11.20.)

찾아보기

마음의 건축 도시건축의 심리적 이해를 위하여

초판발행 2023년 2월 15일

지은이 권태호

펴낸이 오상훈
펴낸곳 교우미디어
주　소 서울시 동대문구 약령시로 8 교우빌딩 1층 교우미디어
전　화 02-925-2861 / **팩　스** 070-7966-8610. **편집부** 02-925-2825
홈페이지&북스토어 www.kyowoo.co.kr / **이메일** kyowoo@kyowoo.co.kr

등　록 2011년 2월 7일 제305-2011-000007호
ISBN 979-11-85417-44-8 (93540)

값 16,000원

교우미디어는 (주) 교우의 Imprint 사입니다.
수학정원·과학정원은 (주) 교우의 새로운 브랜드명입니다.

잘못된 책은 구입하신 서점에서 교환해 드립니다.